U0384775

内蒙古地区风能资源评估

曹 亮 朱俊峰 王星天 王世锋 主编

黄河水利出版社
·郑 州·

图书在版编目(CIP)数据

内蒙古地区风能资源评估/曹亮等主编. —郑州：
黄河水利出版社,2022.4
ISBN 978-7-5509-3255-5

Ⅰ.①内… Ⅱ.①曹… Ⅲ.①风力能源-资源评估-
内蒙古 Ⅳ.①TK81

中国版本图书馆 CIP 数据核字(2022)第 058394 号

组稿编辑:王志宽 电话:0371-66024331 E-mail:wangzhikuan83@126.com

出 版 社:黄河水利出版社 网址:www.yrcp.com
地址:河南省郑州市顺河路黄委会综合楼 14 层 邮政编码:450003
发行单位:黄河水利出版社
发行部电话:0371-66026940、66020550、66028024、66022620(传真)
E-mail:hhslcbs@126.com
承印单位:河南新华印刷集团有限公司
开本:787 mm×1 092 mm 1/16
印张:16.5
字数:381 千字
版次:2022 年 4 月第 1 版 印次:2022 年 4 月第 1 次印刷
定价:98.00 元

《内蒙古地区风能资源评估》

编写委员会

主　　编	曹　亮	朱俊峰	王星天	王世锋
副 主 编	刘文兵	朱永楠	姜　珊	
参　　编	吴永忠	查　咏	何国华	王庆明
	崔英杰	侯诗文	姚佳男	牛俊奎
	胡　伟	李振刚	王丽霞	全　强
	刘　洋	李　亮	刘　伟	

前　言

　　气候变暖成为全世界共同关注的热点问题,据国际能源署(IEA)统计,电力行业是最大的碳排放行业,占总排量的38%。发展包括风能在内的清洁安全新能源成为绿色发展、节能减排的重要举措之一,内蒙古自治区作为我国陆上风能资源最丰富的地区,合理的风能资源评估可为开发利用风能资源提供重要支撑。

　　近30年来,全球气温、海平面上升速度加快,气温升高速度达到每10年上升0.2 ℃,海平面上升速度达到0.32 cm/a。到21世纪末,如果全球气候升温达到2 ℃,海平面升高将达到36~87 cm,99%的珊瑚礁将消失,陆地上约13%的生态系统将遭到破坏,许多植物和动物面临着灭绝的风险。因此,减少二氧化碳等温室气体排放、保护生态环境、限制全球气温上升已经成为全人类共同的目标。2018年10月,联合国政府间气候变化专门委员会(简称IPCC)提出了"碳中和"的目标,到21世纪末将全球气温升高控制在1.5 ℃。

　　2020年9月,本着负责任的大国态度,我国正式向世界宣布了作为大国的担当和责任,宣布2030年前实现碳达峰、2060年前实现碳中和的目标。新能源具有清洁、低碳的特点,符合"碳中和"目标的发展需求,发展新能源,实现能源转型,降低化石能源消费,构建绿色低碳的能源体系,是降低二氧化碳排放、实现全球碳中和的重要举措之一。

　　风能作为新能源的主要代表之一,具有重要且广泛的发展前景。在发电方面,据估算,陆上风电场每年可提供5 000亿kW·h电量。同时,在我国内蒙古偏远地区,风能作为主要动力源,在分散供水工程中同样发挥着重要的作用。因其地域广阔,居住分散,通过常规电网的延伸来解决这些地区能源短缺的问题暂不现实,加之该类地区经济主要以畜牧业为主,牲畜饲养数量多,日需水量较大,动力源的缺失给牧区人畜饮水带来了很大的不便。充分利用当地丰富的风能资源,可满足牧民、牲畜的用水需求,对该类地区居民生产生活改善起到不可忽视的作用。

　　本书通过获取自治区12个盟、市共计118个气象站累年(2000—2019年)平均风速及风向、2019年10 m高度逐月平均风速等数据资料,利用计算公式,以旗县为尺度,逐一对内蒙古自治区各个旗县的10 m高风资源情况进行了计算评估。考虑到部分气象站位于城区,受城市扩张、高层建筑物扰动等因素的影响,进而造成实测数据偏低的可能性,本书同时罗列了内蒙古各地已建风电场实测数据,以供参考。

　　通过评估、分析内蒙古自治区各个旗县的风资源(10 m)情况分布,为未来中小型风能资源开发,风力提水、发电项目的规划、设计及实施提供重要的参考依据,为自治区清洁能源开发利用提供重要的基础数据,同时可为地区节能减排路径规划、潜力解析提供依据,为实现我国"碳达峰""碳中和"目标做出积极的贡献。

　　本书由曹亮、朱俊峰、王星天、王世锋担任主编，参加编写的人员包括刘文兵、朱永楠、姜珊、吴永忠、查咏等。

　　本书的研究工作得到了国家重点研发计划"能源与水纽带关系及高效绿色利用关键技术"（2016YFE0102400、2018YFE0196000）、中央引导地方科技发展资金项目（2021ZY0030)的资助，以及其他横向研究课题的支撑，特此向支持和关心作者研究工作的所有单位和个人表示衷心的感谢。作者还要感谢中国水利水电科学研究院王建华院长、中国水利水电科学研究院水资源研究所朱永楠高工、姜珊高工、何国华博士等专家所给予的指导和帮助！书中有部分内容参考了有关单位或个人的研究成果，在此一并致谢。

　　由于作者水平所限，虽几经改稿，书中错误和缺点在所难免，欢迎广大读者不吝赐教。

作　者

2022 年 1 月

目 录

1 呼和浩特市风能资源

1.1 呼和浩特市区风能资源

1.1.1 呼和浩特气象站

呼和浩特气象站为国家基本气象站(台站号:53463),站址位置东经111.571 4°,北纬40.855 8°;观测场海拔高度1 153.5 m。

(1)气象站累年(2000—2019年)平均风速及风向见表1-1~表1-3、图1-1、图1-2。

表1-1 气象站累年风速年际变化

年份	2000	2001	2002	2003	2004	2005	2006	2007	2008	2009	2010
风速/(m/s)	1.71	1.54	1.32	1.15	1.9	1.91	1.88	1.79	1.73	1.72	1.73
年份	2011	2012	2013	2014	2015	2016	2017	2018	2019	平均风速	
风速/(m/s)	1.74	1.72	3.35	3.44	3.34	3.43	3.39	3.34	3.27	2.27	

表1-2 气象站累年逐月平均风速

月份	1	2	3	4	5	6	7	8	9	10	11	12	平均
风速/(m/s)	2.16	2.28	2.64	2.87	2.73	2.34	1.99	1.91	1.98	2.12	2.1	2.1	2.27

表1-3 气象站全年各风向频率统计

风向	NNE	NE	ENE	E	ESE	SE	SSE	S	SSW	SW	WSW	W	WNW	NW	NNW	N	C
近20年风向频率	3.4	4.3	6.0	7.6	3.5	2.3	2.9	5.0	6.3	5.8	3.8	3.0	5.0	16.1	9.1	5.5	10.3
2019年风向频率	3.0	1.6	1.4	2.9	4.3	3.5	4.3	6.5	6.7	3.0	1.5	1.2	2.5	25.5	20.5	10.1	0.2

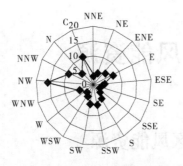

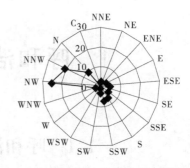

图 1-1　气象站近 20 年全年风向频率玫瑰图　　　图 1-2　气象站 2019 年全年风向频率玫瑰图

（2）2019 年气象站 10 m 高度各月风速及风功率密度见表 1-4、图 1-3。

表 1-4　10 m 高度各月风速及风功率密度

月份	1	2	3	4	5	6	7
风速/（m/s）	3.76	3.21	3.61	3.66	4.17	3.13	2.72
风功率密度/（W/m²）	81.43	54.10	60.69	65.45	93.42	41.39	25.14
月份	8	9	10	11	12	平均	
风速/（m/s）	3.25	2.76	3.26	3.05	2.64	3.27	
风功率密度/（W/m²）	45.08	25.93	55.33	41.92	26.76	51.39	

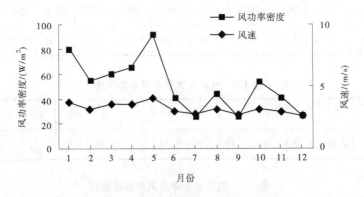

图 1-3　10 m 高度风速及风功率密度变化

（3）2019 年气象站 10 m 高度风速频率和风能频率分布见表 1-5、图 1-4。

表 1-5　10 m 高度风速频率和风能频率分布

风速段/（m/s）	<0.1	1	2	3	4	5	6	7
风速频率/%	0.26	6.40	22.27	24.09	21.08	10.73	5.96	3.90
风能频率/%	0.00	0.05	1.21	5.22	11.81	12.17	12.65	13.70
风速段/（m/s）	8	9	10	11	12	13	14	15
风速频率/%	2.66	1.39	0.64	0.34	0.13	0.07	0.06	0.01
风能频率/%	14.06	10.91	7.04	5.00	2.39	1.60	1.73	0.46

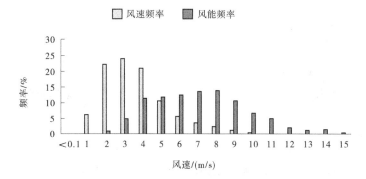

图 1-4　10 m 高度风速频率和风能频率分布直方图

1.1.2　呼和浩特郊区气象站

呼和浩特郊区气象站为国家基本气象站(台站号:53466),站址位置东经 111.7°,北纬 40.75°;观测场海拔高度 1 045.4 m。

(1)气象站累年(2000—2019 年)平均风速及风向见表 1-6～表 1-8、图 1-5、图 1-6。

表 1-6　气象站累年风速年际变化

年份	2000	2001	2002	2003	2004	2005	2006	2007	2008	2009	2010
风速/(m/s)	1.52	1.62	1.58	1.36	1.40	1.43	1.36	2.02	1.79	1.56	1.66

年份	2011	2012	2013	2014	2015	2016	2017	2018	2019	平均风速	
风速/(m/s)	1.5	1.36	1.27	1.46	1.47	1.43	1.35	1.41	1.32	1.49	

表 1-7　气象站累年逐月平均风速

月份	1	2	3	4	5	6	7	8	9	10	11	12	平均
风速/(m/s)	1.25	1.49	1.88	2.09	1.83	1.62	1.38	1.24	1.21	1.27	1.34	1.29	1.49

表 1-8　气象站全年各风向频率统计

风向	NNE	NE	ENE	E	ESE	SE	SSE	S	SSW	SW	WSW	W	WNW	NW	NNW	N	C
近 20 年风向频率	3.0	6.7	10.1	12.0	6.8	4.6	2.7	3.3	3.1	5.8	4.6	4.7	5.1	4.6	3.8	3.8	15.5
2019 年风向频率	2.5	4.2	7.6	13.1	10.3	5.0	3.7	3.7	3.3	4.6	2.9	5.8	10.2	4.8	5.0	3.6	9.0

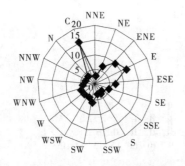

图 1-5　气象站近 20 年全年风向频率玫瑰图 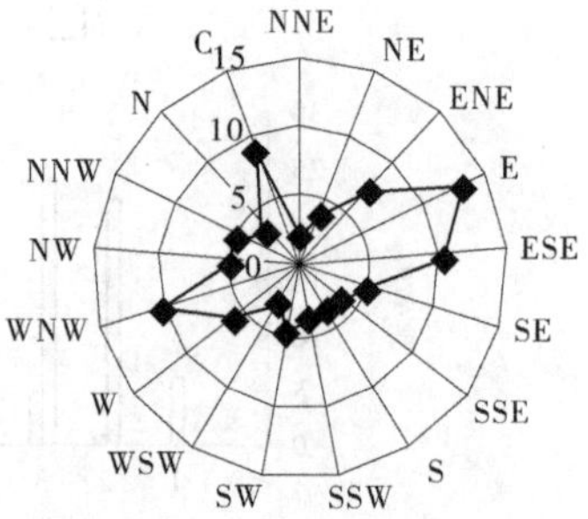　　　图 1-6　气象站 2019 年全年风向频率玫瑰图

（2）2019 年气象站 10 m 高度各月风速及风功率密度见表 1-9、图 1-7。

图 1-9　10 m 高度各月风速及风功率密度

月份	1	2	3	4	5	6	7
风速/(m/s)	1.17	1.36	1.74	1.74	1.85	1.46	1.14
风功率密度/(W/m²)	3.00	4.49	9.96	8.02	11.86	4.58	1.94
月份	8	9	10	11	12	平均	
风速/(m/s)	1.16	0.93	1.07	1.27	1.08	1.33	
风功率密度/(W/m²)	2.12	1.34	2.74	5.94	2.54	4.88	

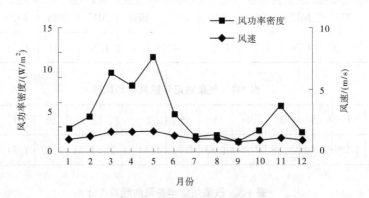

图 1-7　10 m 高度风速及风功率密度年变化

（3）2019 年气象站 10 m 高度风速频率和风能频率分布见表 1-10、图 1-8。

表 1-10　10 m 高度风速频率和风能频率分布

风速段/(m/s)	<0.1	1	2	3	4	5	6	7	8
风速频率/%	5.25	41.86	35.18	11.34	4.17	1.59	0.48	0.10	0.03
风能频率/%	0.00	2.37	15.96	23.21	23.56	19.19	10.18	3.62	1.91

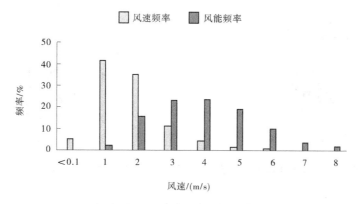

図 1-8　10 m 高度风速频率和风能频率分布直方图

1.2　托克托县风能资源

托克托县气象站为国家基本气象站(台站号:53467),站址位置东经111.251 4°,北纬40.251 4°;观测场海拔高度1 015.9 m。

(1)气象站累年(2000—2019 年)平均风速及风向见表 1-11~表 1-13、图 1-9、图 1-10。

表 1-11　气象站累年风速年际变化

年份	2000	2001	2002	2003	2004	2005	2006	2007	2008	2009	2010
风速/(m/s)	1.32	1.59	1.5	1.6	1.6	1.77	1.79	1.49	1.64	1.55	1.86
年份	2011	2012	2013	2014	2015	2016	2017	2018	2019	平均风速	
风速/(m/s)	1.71	1.68	1.65	1.48	1.54	2.54	2.54	2.52	2.45	1.79	

表 1-12　气象站累年逐月平均风速

月份	1	2	3	4	5	6	7	8	9	10	11	12	平均
风速/(m/s)	1.36	1.68	2.17	2.42	2.33	1.9	1.65	1.57	1.48	1.59	1.68	1.6	1.79

表 1-13　气象站全年各风向频率统计

风向	NNE	NE	ENE	E	ESE	SE	SSE	S	SSW	SW	WSW	W	WNW	NW	NNW	N	C
近20年风向频率	2.6	5.3	6.5	5.3	4.7	4.8	4.4	7.6	4.9	4.0	7.7	11.3	5.1	3.2	2.4	3.0	17.1
2019年风向频率	4.2	5.4	6.3	5.8	4.9	5.2	7.6	10.3	6.6	4.9	6.3	9.0	7.8	4.8	2.8	4.3	2.7

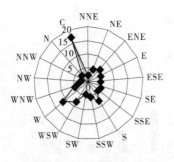 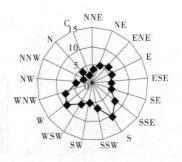

图 1-9　气象站近 20 年全年风向频率玫瑰图　　　图 1-10　气象站 2019 年全年风向频率玫瑰图

（2）2019 年气象站 10 m 高度各月风速及风功率密度见表 1-14、图 1-11。

表 1-14　10 m 高度各月风速及风功率密度

月份	1	2	3	4	5	6	7
风速/(m/s)	1.98	2.46	3.13	3.03	3.53	2.67	2.25
风功率密度/(W/m²)	13.31	33.31	59.25	43.72	76.65	27.84	16.97
月份	8	9	10	11	12	平均	
风速/(m/s)	2.05	1.92	2.38	2.34	1.63	2.45	
风功率密度/(W/m²)	12.89	8.86	26.94	33.33	11.52	30.38	

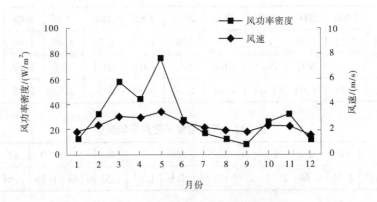

图 1-11　10 m 高度风速及风功率密度年变化

（3）2019 年气象站 10 m 高度风速频率和风能频率分布见表 1-15、图 1-12。

表 1-15　10 m 高度风速频率和风能频率分布

风速段/(m/s)	<0.1	1	2	3	4	5	6	7
风速频率/%	1.18	18.40	31.88	21.64	11.95	6.56	3.53	2.02
风能频率/%	0.00	0.19	2.67	7.60	11.07	12.86	12.68	11.98
风速段/(m/s)	8	9	10	11	12	13	14	
风速频率/%	1.28	0.68	0.48	0.25	0.09	0.01	0.03	
风能频率/%	11.69	9.08	8.67	6.31	2.90	0.43	1.85	

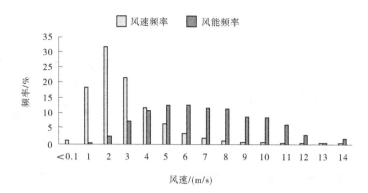

图 1-12　10 m 高度风速频率和风能频率分布直方图

1.3　和林格尔县风能资源

和林格尔县气象站为国家基本气象站(台站号:53469),站址位置东经 111.818 9°,北纬 40.399 2°;观测场海拔高度 1 166.7 m。

(1)气象站累年(2000—2019 年)平均风速及风向见表 1-16～表 1-18、图 1-13、图 1-14。

表 1-16　气象站累年风速年际变化

年份	2000	2001	2002	2003	2004	2005	2006	2007	2008	2009	2010
风速/(m/s)	1.45	1.47	1.68	1.92	1.72	1.88	1.78	1.72	1.82	1.78	2.01
年份	2011	2012	2013	2014	2015	2016	2017	2018	2019	平均风速	
风速/(m/s)	1.77	1.63	1.71	1.49	1.62	2.16	2.04	2.17	2.00	1.79	

表 1-17　气象站累年逐月平均风速

月份	1	2	3	4	5	6	7	8	9	10	11	12	平均
风速/(m/s)	1.13	1.6	2.1	2.5	2.44	2.15	1.82	1.67	1.55	1.6	1.53	1.36	1.79

表 1-18　气象站全年各风向频率统计

风向	NNE	NE	ENE	E	ESE	SE	SSE	S	SSW	SW	WSW	W	WNW	NW	NNW	N	C
近 20 年风向频率	4.04	2.56	1.86	2.3	3.82	6.64	7.58	7.3	6.7	5.63	3.41	7.78	4.3	3.71	4.31	5.68	22.2
2019 年风向频率	4.5	2	1.83	1.91	2.5	6.25	8.83	9.25	9.66	7.08	3.66	7.33	5.5	4.25	7.16	7.91	9.5

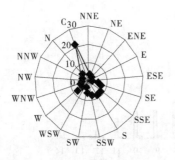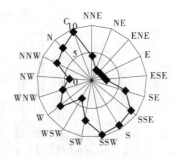

图 1-13　气象站近 20 年全年风向频率玫瑰图　　图 1-14　气象站 2019 年全年风向频率玫瑰图

（2）2019 年气象站 10 m 高度各月风速及风功率密度见表 1-19、图 1-15。

表 1-19　10 m 高度各月风速及风功率密度

月份	1	2	3	4	5	6	7
风速/（m/s）	1.54	1.83	2.17	2.55	2.86	2.42	2.18
风功率密度/（W/m²）	8.61	14.74	20.93	24.76	35.13	20.48	16.85
月份	8	9	10	11	12	平均	
风速/（m/s）	1.98	1.63	1.94	1.73	1.15	2.00	
风功率密度/（W/m²）	15.56	8.94	13.02	15.09	4.16	16.52	

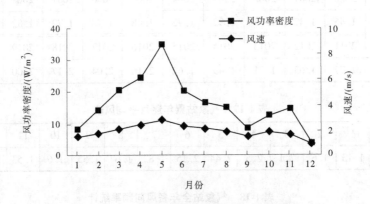

图 1-15　10 m 高度风速及风功率密度年变化

（3）2019 年气象站 10 m 高度风速频率和风能频率分布见表 1-20、图 1-16。

表 1-20　10 m 高度风速频率和风能频率分布

风速段/（m/s）	<0.1	1	2	3	4	5	6	7	8	9	10	11
风速频率/%	5.01	27.42	26.82	18.73	11.77	5.50	2.89	1.20	0.53	0.09	0.03	0.01
风能频率/%	0.00	0.41	4.10	12.05	19.99	19.42	18.88	12.78	8.60	2.15	1.14	0.47

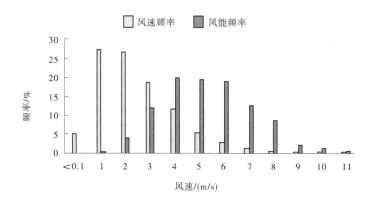

图 1-16 10 m 高度风速频率和风能频率分布直方图

1.4 清水河县风能资源

清水河县气象站为国家基本气象站(台站号:53562),站址位置东经111.659 4°,北纬39.922 5°;观测场海拔高度1 208 m。

(1)气象站累年(2000—2019 年)平均风速及风向见表 1-21 ~ 表 1-23、图 1-17、图 1-18。

表 1-21 气象站累年风速年际变化

年份	2000	2001	2002	2003	2004	2005	2006	2007	2008	2009	2010
风速/(m/s)	2.25	2.28	2.18	2.12	1.96	1.93	2.21	2.03	2.07	2.27	2.37
年份	2011	2012	2013	2014	2015	2016	2017	2018	2019	平均风速	
风速/(m/s)	1.85	1.72	2.09	1.93	2.82	2.9	2.63	2.82	2.72	2.25	

表 1-22 气象站累年逐月平均风速

月份	1	2	3	4	5	6	7	8	9	10	11	12	平均
风速/(m/s)	1.83	2.1	2.64	3.05	2.94	2.41	2.06	1.8	1.88	2.08	2.2	2.05	2.25

表 1-23 气象站全年各风向频率统计

风向	NNE	NE	ENE	E	ESE	SE	SSE	S	SSW	SW	WSW	W	WNW	NW	NNW	N	C
近 20 年风向频率	3.0	2.9	3.5	4.8	5.5	6.1	5.7	5.3	6.2	5.1	4.8	7.7	8.7	6.6	4.1	3.7	16.3
2019 年风向频率	2.7	1.7	1.7	3.3	8.4	11.7	9.8	6.7	5.7	4.2	4.2	8.1	9.9	6.8	5.2	5.1	4.0

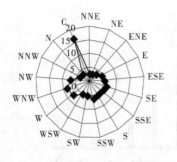 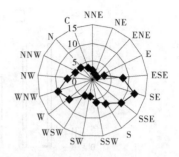

图 1-17 气象站近 20 年全年风向频率玫瑰图　　图 1-18 气象站 2019 年全年风向频率玫瑰图

（2）2019 年气象站 10 m 高度各月风速及风功率密度见表 1-24、图 1-19。

表 1-24　10 m 高度各月风速及风功率密度

月份	1	2	3	4	5	6	7
风速/（m/s）	1.93	2.48	3.12	3.52	3.79	3.21	2.76
风功率密度/（W/m²）	17.36	50.08	80.09	78.76	91.34	48.89	34.07
月份	8	9	10	11	12	平均	
风速/（m/s）	2.47	2.20	2.58	2.55	2.09	2.72	
风功率密度/（W/m²）	30.84	18.58	36.21	49.01	22.84	46.51	

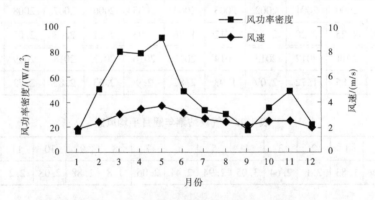

图 1-19　10 m 高度风速及风功率密度年变化

（3）2019 年气象站 10 m 高度风速频率和风能频率分布见表 1-25、图 1-20。

表 1-25　10 m 高度风速频率和风能频率分布

风速段（m/s）	<0.1	1	2	3	4	5	6	7	8	9	10	11
风速频率/%	5.01	27.42	26.82	18.73	11.77	5.50	2.89	1.20	0.53	0.09	0.03	0.01
风能频率/%	0.00	0.41	4.10	12.05	19.99	19.42	18.88	12.78	8.60	2.15	1.14	0.47

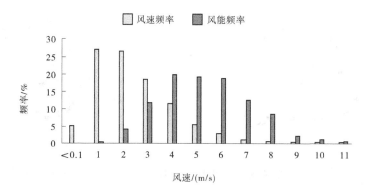

图 1-20 10 m 高度风速频率和风能频率分布直方图

1.5 武川县风能资源

武川县气象站为国家基本气象站（台站号：53368），站址位置东经 111.460 8°，北纬 41.076 1°；观测场海拔高度 1 637.3 m。

（1）气象站累年（2000—2019 年）平均风速及风向见表 1-26 ~ 表 1-28、图 1-21、图 1-22。

表 1-26 气象站累年风速年际变化表

年份	2000	2001	2002	2003	2004	2005	2006	2007	2008	2009	2010
风速/（m/s）	2.92	2.88	2.66	2.3	2.63	2.25	3.28	3.09	3.12	3.18	3.27
年份	2011	2012	2013	2014	2015	2016	2017	2018	2019	平均风速	
风速/（m/s）	2.86	2.97	3	2.63	2.63	3.23	3.16	3.26	3.12	2.92	

表 1-27 气象站累年逐月平均风速

月份	1	2	3	4	5	6	7	8	9	10	11	12	平均
风速/（m/s）	2.33	2.7	3.27	3.73	3.76	3.13	2.72	2.55	2.62	2.77	2.78	2.64	2.9

表 1-28 气象站全年各风向频率统计

风向	NNE	NE	ENE	E	ESE	SE	SSE	S	SSW	SW	WSW	W	WNW	NW	NNW	N	C
近 20 年风向频率	4.2	2.5	2.0	2.4	2.7	7.0	9.7	6.7	8.0	6.1	6.3	7.6	8.5	7.4	6.0	4.5	9.1
2019 年风向频率	4.7	2.8	1.8	2.2	3.0	8.1	10.8	8.5	8.7	7.6	7.8	7.3	6.0	7.7	5.0	5.5	1.9

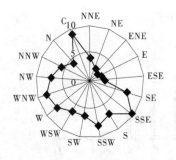 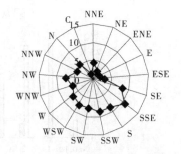

图 1-21　气象站近 20 年全年风向频率玫瑰图　　　图 1-22　气象站 2019 年全年风向频率玫瑰图

（2）2019 年气象站 10 m 高度各月风速及风功率密度见表 1-29、图 1-23。

表 1-29　10 m 高度各月风速及风功率密度

月份	1	2	3	4	5	6	7
风速/（m/s）	2.57	2.64	3.50	3.74	4.21	3.46	2.86
风功率密度/（W/m²）	26.72	38.66	64.10	76.31	103.42	54.29	32.79
月份	8	9	10	11	12	平均	
风速/（m/s）	2.73	2.48	2.97	3.14	3.12	3.12	
风功率密度/（W/m²）	27.33	22.37	38.60	50.47	39.21	47.86	

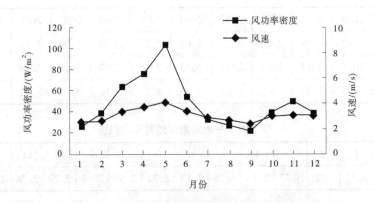

图 1-23　10 m 高度风速及风功率密度年变化

（3）2019 年气象站 10 m 高度风速频率和风能频率分布见表 1-30、图 1-24。

表 1-30　10 m 高度风速频率和风能频率分布

风速段（m/s）	<0.1	1	2	3	4	5	6
风速频率/%	1.21	11.05	24.47	19.03	15.31	11.82	7.98
风能频率/%	0.00	0.08	1.30	4.32	9.41	14.89	17.94
风速段/（m/s）	7	8	9	10	11	12	13
风速频率/%	4.49	2.65	1.28	0.45	0.18	0.07	0.02
风能频率/%	16.66	15.00	10.63	5.03	2.80	1.36	0.58

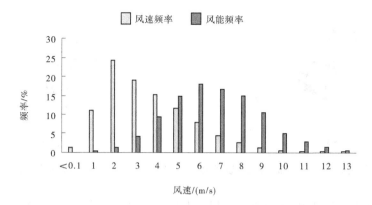

图 1-24　10 m 高度风速频率和风能频率分布直方图

1.6　土默特左旗风能资源

土默特左旗气象站为国家基本气象站(台站号:53464),站址位置东经111.166 7°,北纬40.716 7°;观测场海拔高度 1 042.7 m。

(1)气象站累年(2000—2019 年)平均风速及风向见表 1-31 ~ 表 1-33、图 1-25、图 1-26。

表 1-31　气象站累年风速年际变化

年份	2000	2001	2002	2003	2004	2005	2006	2007	2008	2009	2010
风速/(m/s)	2.15	1.67	1.63	1.36	1.43	1.48	1.55	1.38	1.84	1.88	1.81
年份	2011	2012	2013	2014	2015	2016	2017	2018	2019	平均风速	
风速/(m/s)	1.82	1.82	1.52	1.26	1.16	1.65	1.68	1.78	1.69	1.63	

表 1-32　气象站累年逐月年平均风速

月份	1	2	3	4	5	6	7	8	9	10	11	12	平均
风速/(m/s)	1.27	1.54	2.04	2.45	2.28	1.84	1.45	1.27	1.27	1.44	1.39	1.27	1.63

表 1-33　气象站全年各风向频率统计

风向	NNE	NE	ENE	E	ESE	SE	SSE	S	SSW	SW	WSW	W	WNW	NW	NNW	N	C
近20年风向频率	6.2	3.6	4.1	5.7	5.9	3.5	2.9	2.6	3.3	4.4	7.2	4.6	4.0	6.2	9.3	7.4	19.0
2019年风向频率	6.7	4.4	4.3	6.6	8.4	4.1	1.7	1.7	1.8	3.2	13.6	8.2	2.5	7.2	13.3	7.7	4.2

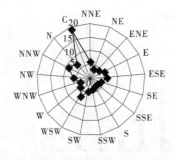 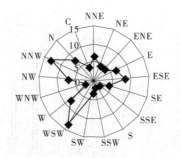

图 1-25　气象站近 20 年全年风向频率玫瑰图　　图 1-26　气象站 2019 年全年风向频率玫瑰图

（2）2019 年气象站 10 m 高度各月风速及风功率密度见表 1-34、图 1-27。

表 1-34　10 m 高度各月风速及风功率密度

月份	1	2	3	4	5	6	7
风速/（m/s）	1.43	1.46	2.08	2.15	2.45	1.89	1.49
风功率密度/（W/m²）	6.29	6.83	16.53	17.47	26.45	10.61	5.69
月份	8	9	10	11	12	平均	
风速/（m/s）	1.63	1.35	1.69	1.44	1.17	1.69	
风功率密度/（W/m²）	7.61	3.61	11.70	6.66	2.92	10.20	

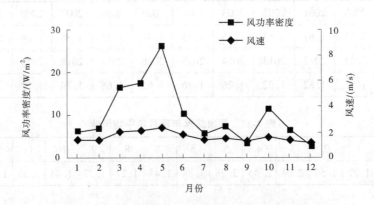

图 1-27　10 m 高度风速及风功率密度年变化

（3）2019 年气象站 10 m 高度风速频率和风能频率分布见表 1-35、图 1-28。

表 1-35　10 m 高度风速频率和风能频率分布

风速段/（m/s）	<0.1	1	2	3	4	5	6	7	8	9
风速频率/%	1.80	32.20	40.96	12.45	6.36	3.39	1.79	0.78	0.18	0.08
风能频率/%	0.00	0.98	9.03	12.57	17.78	19.71	18.64	13.23	4.98	3.08

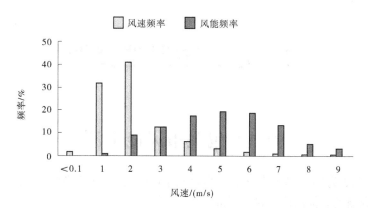

图 1-28 10 m 高度风速频率和风能频率分布直方图

2 包头市风能资源

2.1 包头市风能资源

包头气象站为国家基本气象站(台站号:53446),站址位置东经109.880 8°,北纬40.529 4°;观测场海拔高度1 004.7 m。

(1)气象站累年(2000—2019年)平均风速及风向见表2-1~表2-3、图2-1、图2-2。

表2-1 气象站累年风速年际变化

年份	2000	2001	2002	2003	2004	2005	2006	2007	2008	2009	2010
风速/(m/s)	1.81	1.72	1.61	1.53	1.33	1.33	1.16	1.28	1.27	1.2	1.81

年份	2011	2012	2013	2014	2015	2016	2017	2018	2019	平均风速	
风速/(m/s)	1.24	1.19	3.06	2.91	3.09	2.98	2.82	3.02	2.8	1.97	

表2-2 气象站累年逐月平均风速

月份	1	2	3	4	5	6	7	8	9	10	11	12	平均
风速/(m/s)	1.70	1.86	2.14	2.50	2.47	2.17	2.03	1.80	1.77	1.66	1.74	1.67	1.97

表2-3 气象站全年各风向频率统计

风向	NNE	NE	ENE	E	ESE	SE	SSE	S	SSW	SW	WSW	W	WNW	NW	NNW	N	C
近20年风向频率	3.28	2.62	2.96	8.88	9.17	5.17	3.03	2.37	2.65	4.43	6.13	7.94	6.24	9.17	5.27	6.09	14.36
2019年风向频率	2.41	1.91	1.74	5.32	8.57	3.41	1.49	2.16	3.91	5.82	15.74	17.32	7.82	6.07	8.24	5.74	1.41

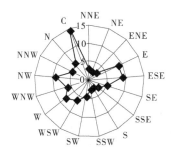
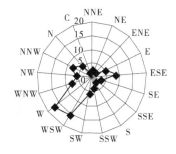

图 2-1 气象站近 20 年全年风向频率玫瑰图　　　图 2-2 气象站 2019 年全年风向频率玫瑰图

（2）2019 年气象站 10 m 高度各月风速及风功率密度见表 2-4、图 2-3。

表 2-4　2019 年气象站 10 m 高度各月风速及风功率密度

月份	1	2	3	4	5	6	7
风速/（m/s）	2.43	2.61	3.10	3.15	3.66	3.10	2.82
风功率密度/（W/m^2）	19.55	31.95	46.14	45.07	78.84	37.65	27.90
月份	8	9	10	11	12	平均	
风速/（m/s）	2.69	2.68	2.80	2.80	2.14	2.83	
风功率密度/（W/m^2）	26.20	24.99	34.96	41.62	13.11	35.67	

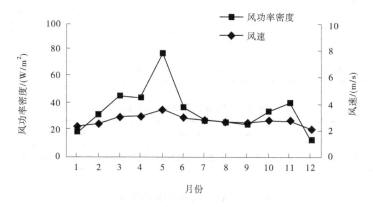

图 2-3　10 m 高度风速及风功率密度年变化

（3）2019 年气象站 10 m 高度风速频率和风能频率分布见表 2-5、图 2-4。

表 2-5　10 m 高度风速频率和风能频率分布

风速段/（m/s）	<0.1	1	2	3	4	5	6	7
风速频率/%	0.81	9.04	28.76	25.41	16.21	9.36	5.14	2.66
风能频率/%	0.00	0.08	2.24	7.71	12.88	15.79	15.42	13.25
风速段/（m/s）	8	9	10	11	12	13	14	15
风速频率/%	1.18	0.68	0.41	0.18	0.06	0.03	0.06	0.01
风能频率/%	8.92	7.75	6.30	3.74	1.63	1.21	2.47	0.60

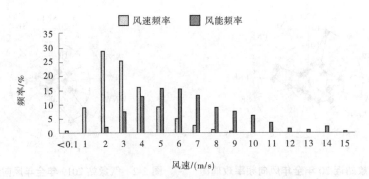

图 2-4 10 m高度风速频率和风能频率分布直方图

2.2 白云鄂博矿区风能资源

白云鄂博矿区气象站为国家基本气象站(台站号:53343),站址位置东经109.966 7°,北纬41.766 7°;观测场海拔高度1 612.2 m。

(1)气象站累年(2000—2019年)平均风速及风向见表2-6~表2-8、图2-5、图2-6。

表2-6 气象站累年风速年际变化

年份	2000	2001	2002	2003	2004	2005	2006	2007	2008	2009	2010
风速/(m/s)	4.45	4.6	4.61	4.86	4.97	4.84	5.05	4.62	4.61	4.63	4.58
年份	2011	2012	2013	2014	2015	2016	2017	2018	2019	平均风速	
风速/(m/s)	3.87	3.86	4.12	3.69	3.82	4.6	4.26	4.49	4.29	4.43	

表2-7 气象站累年逐月平均风速

月份	1	2	3	4	5	6	7	8	9	10	11	12	平均
风速/(m/s)	4.34	4.32	4.71	5.22	5.29	4.42	3.88	3.64	3.78	4.16	4.71	4.69	4.43

表2-8 气象站全年各风向频率统计

风向	NNE	NE	ENE	E	ESE	SE	SSE	S	SSW	SW	WSW	W	WNW	NW	NNW	N	C
近20年风向频率	3.0	4.0	5.4	2.6	1.7	1.7	2.1	4.3	8.0	10.7	15.7	11.2	10.8	7.7	4.8	4.3	1.2
2019年风向频率	2.9	4.6	7.2	2.7	1.7	1.2	1.3	3.2	8.7	15.2	15.9	10.3	8.8	6.7	3.9	4.3	0.2

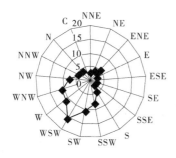 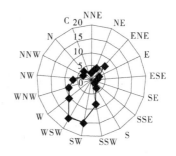

图 2-5　气象站近 20 年全年风向频率玫瑰图　　　图 2-6　气象站 2019 年全年风向频率玫瑰图

（2）2019 年气象站 10 m 高度各月风速及风功率密度见表 2-9、图 2-7。

表 2-9　10 m 高度各月风速及风功率密度

月份	1	2	3	4	5	6	7
风速/(m/s)	4.03	3.83	4.29	4.82	5.38	4.66	3.90
风功率密度/(W/m²)	91.81	108.44	105.83	148.89	214.18	115.65	81.31
月份	8	9	10	11	12	平均	
风速/(m/s)	3.50	3.70	4.38	4.63	4.36	4.29	
风功率密度/(W/m²)	52.62	63.04	126.16	149.19	96.33	112.79	

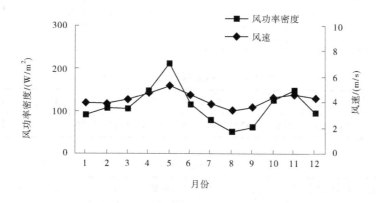

图 2-7　10 m 高度风速及风功率密度年变化

（3）2019 年气象站 10 m 高度风速频率和风能频率分布见表 2-10、图 2-8。

表 2-10　10 m 高度风速频率和风能频率分布

风速段（m/s）	<0.1	1	2	3	4	5	6	7	8
风速频率/(%)	0.26	2.85	15.55	19.16	17.33	12.44	9.50	8.77	5.67
风能频率/%	0.00	0.01	0.41	1.88	4.50	6.69	9.29	14.12	13.91
风速段/(m/s)	9	10	11	12	13	14	15	>15	
风速频率/%	3.74	1.94	1.20	0.70	0.40	0.32	0.11	0.06	
风能频率/%	13.19	9.61	8.12	6.20	4.47	4.48	1.94	1.20	

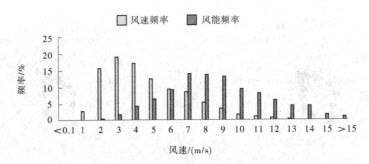

图 2-8　10 m 高度风速频率和风能频率分布直方图

2.3　固阳县风能资源

固阳县为国家基本气象站(台站号:53357),站址位置东经 110.1°,北纬 41.033 3°;观测场海拔高度 1 403.1 m。

(1)气象站累年(2000—2019 年)平均风速及风向见表 2-11～表 2-13、图 2-9、图 2-10。

表 2-11　气象站累年风速年际变化表

年份	2000	2001	2002	2003	2004	2005	2006	2007	2008	2009	2010
风速/(m/s)	2.33	2.06	2.22	2.33	2.36	2.09	2.27	2.33	2.13	2.09	2.11
年份	2011	2012	2013	2014	2015	2016	2017	2018	2019	平均风速	
风速/(m/s)	2.05	1.98	1.88	1.63	1.72	1.87	3.42	3.5	3.35	2.28	

表 2-12　气象站累年逐月平均风速

月份	1	2	3	4	5	6	7	8	9	10	11	12	平均
风速/(m/s)	1.86	2.17	2.5	2.92	2.96	2.54	2.24	2.07	2.16	2.13	2.01	1.84	2.28

表 2-13　气象站全年各风向频率统计

风向	NNE	NE	ENE	E	ESE	SE	SSE	S	SSW	SW	WSW	W	WNW	NW	NNW	N	C
近 20 年风向频率	5.1	14.9	11.3	5.6	1.8	3.8	4.0	6.6	4.8	7.2	4.4	5.7	3.6	4.8	2.7	5.3	8.4
2019 年风向频率	5.0	11.2	14.1	9.9	2.7	1.2	3.0	6.7	7.1	9.9	8.5	5.1	4.2	3.7	3.2	3.2	1.1

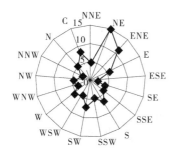

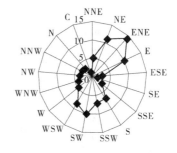

图 2-9　气象站近 20 年全年风向频率玫瑰图　　　图 2-10　气象站 2019 年全年风向频率玫瑰图

（2）2019 年气象站 10 m 高度各月风速及风功率密度见表 2-14、图 2-11。

表 2-14　10 m 高度各月风速及风功率密度

月份	1	2	3	4	5	6	7
风速/(m/s)	3.05	3.01	3.50	4.16	4.68	3.84	3.21
风功率密度/(W/m²)	50.82	44.39	76.69	111.26	168.87	69.73	57.01
月份	8	9	10	11	12	平均	
风速/(m/s)	3.16	3.04	3.54	2.83	2.22	3.35	
风功率密度/(W/m²)	48.75	35.27	90.43	42.58	14.45	67.52	

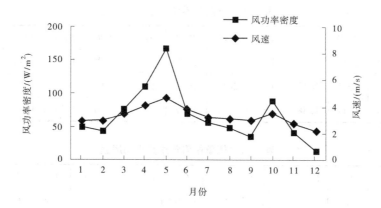

图 2-11　10 m 高度风速及风功率密度年变化

（3）2019 年气象站 10 m 高度风速频率和风能频率分布见表 2-15、图 2-12。

表 2-15　10 m 高度风速频率和风能频率分布

风速段(m/s)	<0.1	1	2	3	4	5	6	7	8
风速频率/%	0.38	7.42	26.45	22.99	13.21	9.41	7.40	5.25	3.23
风能频率/%	0.00	0.04	1.10	3.56	5.57	8.37	12.06	13.84	13.18
风速段/(m/s)	9	10	11	12	13	14	15	>15	
风速频率/%	1.63	1.27	0.56	0.35	0.25	0.10	0.03	0.07	
风能频率/%	9.62	10.49	6.35	5.19	4.72	2.49	0.96	2.47	

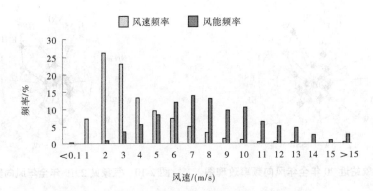

图 2-12　10 m 高度风速频率和风能频率分布直方图

2.4　土默特右旗风能资源

土默特右旗为国家基本气象站（台站号：53455），站址位置东经 110.533 3°，北纬 40.55°；观测场海拔高度 998.6 m。

（1）气象站累年（2000—2019 年）平均风速及风向见表 2-16～表 2-18、图 2-13、图 2-14。

表 2-16　气象站累年风速年际变化

年份	2000	2001	2002	2003	2004	2005	2006	2007	2008	2009	2010
风速/(m/s)	2.18	2.25	2.2	2.23	2.27	2.06	2.2	1.59	1.44	1.43	1.6
年份	2011	2012	2013	2014	2015	2016	2017	2018	2019	平均风速	
风速/(m/s)	1.47	1.38	1.38	1.22	1.27	1.63	1.66	1.73	1.57	1.74	

表 2-17　气象站累年逐月平均风速

月份	1	2	3	4	5	6	7	8	9	10	11	12	平均
风速/(m/s)	1.47	1.73	2.13	2.34	2.19	1.86	1.62	1.48	1.37	1.46	1.62	1.58	1.74

表 2-18　气象站全年各风向频率统计

风向	NNE	NE	ENE	E	ESE	SE	SSE	S	SSW	SW	WSW	W	WNW	NW	NNW	N	C
近20年风向频率	2.4	2.6	6.3	14.1	7.4	2.8	1.8	1.8	2.4	4.4	8.2	10.2	5.5	3.9	4.3	2.8	19.0
2019年风向频率	1.8	2.3	7.7	17.1	11.3	2.9	1.6	1.7	3.1	5.5	9.3	11.6	5.8	4.0	3.9	2.7	6.8

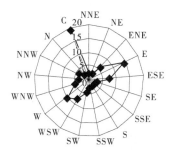

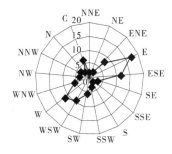

图 2-13　近 20 年气象站平均风向频率玫瑰图　　　　图 2-14　2019 年气象站风向频率玫瑰图

（2）2019 年气象站 10 m 高度各月风速及风功率密度见表 2-19、图 2-15。

表 2-19　10 m 高度各月风速及风功率密度

月份	1	2	3	4	5	6	7
风速/(m/s)	1.23	1.57	2.00	1.72	2.14	1.76	1.36
风功率密度/(W/m²)	4.56	9.79	15.09	9.87	20.62	8.96	4.17
月份	8	9	10	11	12	平均	
风速/(m/s)	1.39	1.25	1.46	1.59	1.36	1.57	
风功率密度/(W/m²)	3.55	2.82	6.72	9.81	4.32	8.36	

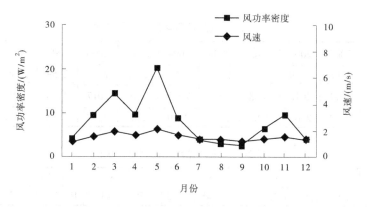

图 2-15　10 m 高度风速及风功率密度年变化

（3）2019 年气象站 10 m 高度风速频率和风能频率分布见表 2-20、图 2-16。

表 2-20　10 m 高度风速频率和风能频率分布

风速段(m/s)	<0.1	1	2	3	4	5	6	7	8	9	10
风速频率/%	4.32	36.29	34.75	13.53	6.47	2.80	1.38	0.31	0.13	0.01	0.02
风能频率/%	0.00	1.28	9.72	16.62	21.97	19.85	17.92	6.62	3.97	0.51	1.54

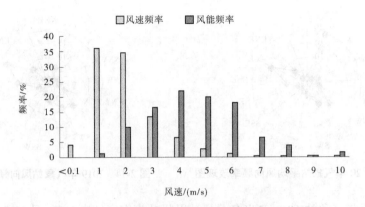

图 2-16　10 m 高度风速频率和风能频率分布直方图

2.5　达茂旗风能资源

2.5.1　达茂旗气象站

达茂旗气象站为国家基本气象站(台站号:53352),站址位置东经 110.433 3°,北纬 41.7°;观测场海拔高度 1 376.6 m。

(1)气象站累年(2000—2019 年)平均风速及风向见表 2-21 ~ 表 2-23、图 2-17、图 2-18。

表 2-21　气象站累年风速年际变化

年份	2000	2001	2002	2003	2004	2005	2006	2007	2008	2009	2010
风速/(m/s)	3.08	2.89	2.81	2.77	3	2.61	2.78	2.59	2.55	2.77	2.83
年份	2011	2012	2013	2014	2015	2016	2017	2018	2019	平均风速	
风速/(m/s)	2.54	2.62	2.82	2.82	2.89	2.9	2.88	2.96	2.88	2.80	

表 2-22　气象站累年逐月平均风速

月份	1	2	3	4	5	6	7	8	9	10	11	12	平均
风速/(m/s)	2.42	2.6	3.12	3.55	3.48	2.89	2.56	2.43	2.45	2.62	2.79	2.63	2.80

表 2-23　气象站全年各风向频率统计

风向	NNE	NE	ENE	E	ESE	SE	SSE	S	SSW	SW	WSW	W	WNW	NW	NNW	N	C
近20年风向频率	2.6	3.1	3.0	2.7	5.4	11.5	5.7	4.7	6.2	12.8	8.2	7.0	7.0	6.5	4.1	3.5	5.6
2019年风向频率	1.7	3.6	3.2	2.3	3.5	12.4	9.5	6.7	8.6	13.5	6.4	5.8	6.8	5.7	4.3	4.1	1.5

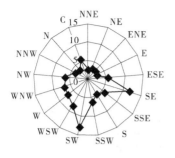
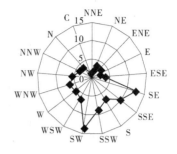

图 2-17　近 20 年气象站全年风向频率玫瑰图　　　图 2-18　2019 年气象站风向频率玫瑰图

（2）2019 年气象站 10 m 高度各月风速及风功率密度见表 2-24、图 2-19。

表 2-24　10 m 高度各月风速及风功率密度

月份	1	2	3	4	5	6	7
风速/(m/s)	2.40	2.32	3.01	3.31	3.85	3.40	2.79
风功率密度/(W/m²)	20.35	23.65	44.01	49.21	79.70	48.67	29.61
月份	8	9	10	11	12	平均	
风速/(m/s)	2.58	2.53	2.86	2.86	2.61	2.88	
风功率密度/(W/m²)	24.08	20.40	35.61	37.14	22.36	36.23	

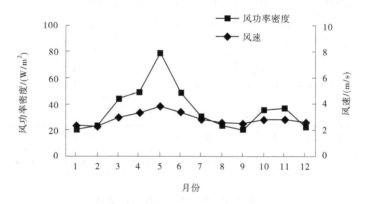

图 2-19　10 m 高度风速及风功率密度年变化

（3）2019 年气象站 10 m 高度风速频率和风能频率分布见表 2-25、图 2-20。

表 2-25　10 m 高度风速频率和风能频率分布

风速段(m/s)	<0.1	1	2	3	4	5	6
风速频率/%	0.68	9.37	31.13	20.40	14.89	11.28	6.34
风能频率/%	0.00	0.09	2.27	6.02	11.95	18.73	18.85
风速段/(m/s)	7	8	9	10	11	12	13
风速频率/%	3.41	1.44	0.58	0.34	0.10	0.02	0.01
风能频率/%	16.59	10.62	6.46	5.25	2.11	0.63	0.44

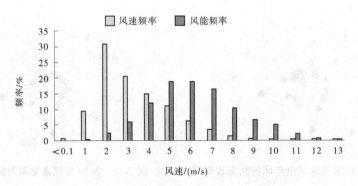

图 2-20　10 m 高度风速频率和风能频率分布直方图

2.5.2　满都拉气象站

满都拉气象站为国家基本气象站(台站号:53149),站址位置东经 110.133 3°,北纬 42.533 3°;观测场海拔高度 1 225.2 m。

(1)气象站累年(2000—2019 年)平均风速及风向见表 2-26 ~ 表 2-28、图 2-21、图 2-22。

表 2-26　气象站累年风速年际变化

年份	2000	2001	2002	2003	2004	2005	2006	2007	2008	2009	2010
风速/(m/s)	4.5	4.71	4.6	4.39	4.28	4.03	4.06	3.72	3.96	4.08	4.18
年份	2011	2012	2013	2014	2015	2016	2017	2018	2019	平均风速	
风速/(m/s)	3.48	3.49	3.82	4.05	4.14	4.23	4.07	4.22	4.00	4.10	

表 2-27　气象站累年逐月平均风速

月份	1	2	3	4	5	6	7	8	9	10	11	12	平均
风速/(m/s)	4.34	4.12	4.4	4.77	4.87	3.84	3.45	3.17	3.25	3.86	4.42	4.68	4.10

表 2-28　气象站各风向频率统计

风向	NNE	NE	ENE	E	ESE	SE	SSE	S	SSW	SW	WSW	W	WNW	NW	NNW	N	C
近 20 年风向频率	3.6	4.5	5.2	4.0	2.5	2.2	1.8	2.3	2.6	4.7	10.0	18.1	15.9	10.1	5.2	3.5	3.0
2019 年风向频率	3.1	4.3	4.9	5.8	3.2	2.3	1.6	2.1	1.9	5.2	9.3	18.4	15.5	10.8	6.2	3.8	1.0

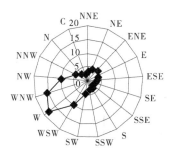 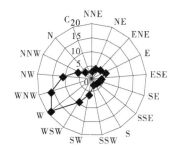

图 2-21　气象站近 20 年全年风向频率玫瑰图　　　图 2-22　气象站 2019 年全年风向频率玫瑰图

（2）2019 年气象站 10 m 高度各月风速及风功率密度见表 2-29、图 2-23。

表 2-29　10 m 高度各月风速及风功率密度

月份	1	2	3	4	5	6	7
风速/(m/s)	4.18	3.25	4.15	4.60	4.93	4.14	3.55
风功率密度/(W/m²)	113.75	79.26	95.75	126.44	202.28	90.82	76.34
月份	8	9	10	11	12	平均	
风速/(m/s)	3.36	2.99	4.07	4.35	4.41	4.00	
风功率密度/(W/m²)	52.78	39.25	123.90	146.69	125.37	106.05	

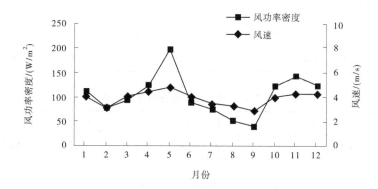

图 2-23　10 m 高度风速及风功率密度年变化图

（3）2019 年气象站 10 m 高度风速频率和风能频率分布见表 2-30、图 2-24。

表 2-30　10 m 高度风速频率和风能频率分布

风速段/(m/s)	<0.1	1	2	3	4	5	6	7	8
风速频率/%	0.45	8.63	16.94	16.58	15.61	12.13	9.59	7.21	5.05
风能频率/%	0.00	0.03	0.41	1.73	4.29	6.87	9.99	12.30	13.14
风速段/(m/s)	9	10	11	12	13	14	15	>15	
风速频率/%	3.29	1.74	1.26	0.49	0.47	0.30	0.08	0.21	
风能频率/%	12.22	9.14	9.01	4.57	5.68	4.37	1.44	4.81	

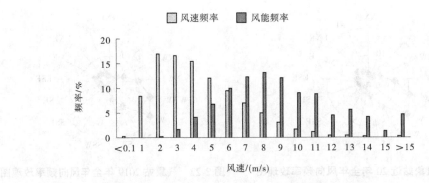

图 2-24　10 m 高度风速频率和风能频率分布直方图

2.5.3　希拉穆仁气象站

希拉穆仁气象站为国家基本气象站(台站号:53367),站址位置东经111.233 3°,北纬41.316 7°;观测场海拔高度1 602.3 m。

(1)气象站累年(2000—2019 年)平均风速及风向见表 2-31 ~ 表 2-33、图 2-25、图 2-26。

表 2-31　气象站累年风速年际变化

年份	2000	2001	2002	2003	2004	2005	2006	2007	2008	2009	2010
风速/(m/s)	3.72	3.77	3.63	3.41	3.4	3.33	3.43	3.51	3.51	3.57	3.74
年份	2011	2012	2013	2014	2015	2016	2017	2018	2019	平均风速	
风速/(m/s)	3.23	3.49	3.7	3.57	3.58	3.63	3.54	3.64	3.50	3.54	

表 2-32　气象站累年逐月平均风速

月份	1	2	3	4	5	6	7	8	9	10	11	12	平均
风速/(m/s)	3.02	3.27	4.03	4.55	4.47	3.57	3.13	2.87	3.11	3.38	3.58	3.5	3.54

表 2-33　气象站全年各风向频率统计

风向	NNE	NE	ENE	E	ESE	SE	SSE	S	SSW	SW	WSW	W	WNW	NW	NNW	N	C
近20年风向频率	2.9	3.1	2.3	2.1	1.7	2.4	3.2	5.4	7.1	7.5	10.8	14.7	12.9	10.6	5.5	3.9	3.0
2019年风向频率	3.1	2.6	2.5	2.1	1.8	2.1	3.5	5.6	8.5	9.8	10.6	16.2	13.7	8.5	3.8	3.5	1.1

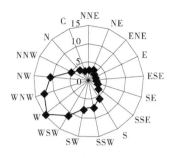

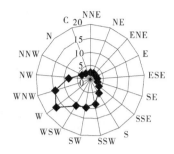

图 2-25　气象站近 20 年全年风向频率玫瑰图　　图 2-26　气象站 2019 年全年风向频率玫瑰图

（2）2019 年气象站 10 m 高度各月风速及风功率密度见表 2-34、图 2-27。

表 2-34　10 m 高度各月风速及风功率密度

月份	1	2	3	4	5	6	7
风速/(m/s)	2.73	2.88	4.02	4.19	4.66	3.93	3.32
风功率密度/(W/m²)	31.97	52.09	96.71	96.72	131.72	80.00	53.50
月份	8	9	10	11	12	平均	
风速/(m/s)	3.03	2.93	3.31	3.57	3.38	3.50	
风功率密度/(W/m²)	37.96	36.18	56.47	71.97	53.14	66.54	

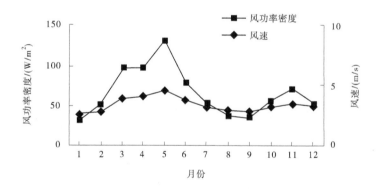

图 2-27　10 m 高度风速及风功率密度年变化

（3）2019 年气象站 10 m 高度风速频率和风能频率分布见表 2-35、图 2-28。

表 2-35　10 m 高度风速频率和风能频率分布

风速段/(m/s)	<0.1	1	2	3	4	5	6	7
风速频率/%	0.53	6.89	24.46	19.54	14.47	11.45	8.62	6.19
风能频率/%	0.00	0.03	1.02	3.14	6.36	10.40	14.32	16.77
风速段/(m/s)	8	9	10	11	12	13	14	15
风速频率/%	3.73	2.19	1.20	0.48	0.14	0.07	0.02	0.01
风能频率/%	15.58	13.06	9.87	5.39	1.92	1.28	0.55	0.32

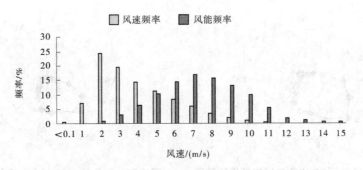

图 2-28　10 m 高度风速频率和风能频率分布直方图

3 锡林郭勒盟风能资源

3.1 锡林浩特市风能资源

锡林浩特气象站为国家基本气象站(台站号:54102),站址位置东经116.116 7°,北纬43.95°;观测场海拔高度1 003 m。

(1)气象站累年(2000—2019年)平均风速及风向见表3-1~表3-3、图3-1、图3-2。

表3-1 气象站累年风速年际变化

年份	2000	2001	2002	2003	2004	2005	2006	2007	2008	2009	2010
风速/(m/s)	2.93	4.12	3.72	2.9	3.76	2.67	3.39	4.3	3.68	3.17	2.76
年份	2011	2012	2013	2014	2015	2016	2017	2018	2019	平均风速	
风速/(m/s)	2.58	1.57	3.03	4.66	3.9	3.42	3.73	4.18	3.18	3.38	

表3-2 气象站累年逐月平均风速

月份	1	2	3	4	5	6	7	8	9	10	11	12	平均
风速/(m/s)	2.92	3.04	3.58	4.17	4.38	3.48	3.24	3.07	3.11	3.19	3.28	2.99	3.37

表3-3 气象站全年各风向频率统计

风向	NNE	NE	ENE	E	ESE	SE	SSE	S	SSW	SW	WSW	W	WNW	NW	NNW	N	C
近20年风向频率	4.5	2.9	2.0	2.4	4.4	9.9	10.0	9.6	9.1	9.3	7.0	5.3	4.4	5.2	6.2	4.9	2.7
2019年风向频率	4.1	2.4	1.3	1.8	3.5	9.4	11.7	10.8	8.5	9.4	6.8	4.8	3.8	5.5	7.2	6.8	1.2

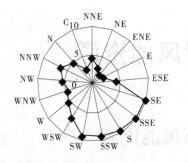 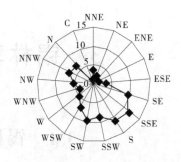

图 3-1　气象站近 20 年全年风向频率玫瑰图　　　图 3-2　气象站 2019 年全年风向频率玫瑰图

（2）2019 年气象站 10 m 高度各月风速及风功率密度见表 3-4、图 3-3。

表 3-4　10 m 高度各月风速及风功率密度

月份	1	2	3	4	5	6	7
风速/(m/s)	3.03	2.46	3.33	3.78	4.22	3.50	3.03
风功率密度/(W/m²)	36.43	21.43	53.17	75.40	100.31	63.40	38.93
月份	8	9	10	11	12	平均	
风速/(m/s)	3.12	2.64	3.29	2.99	2.81	3.18	
风功率密度/(W/m²)	44.23	25.53	49.26	45.31	25.16	48.21	

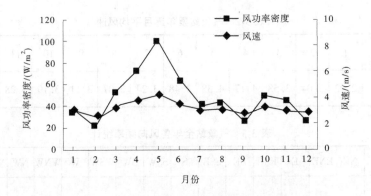

图 3-3　10 m 高度风速及风功率密度年变化

（3）2019 年气象站 10 m 高度风速频率和风能频率分布见表 3-5、图 3-4。

表 3-5　10 m 高度风速频率和风能频率分布

风速段/(m/s)	<0.1	1	2	3	4	5	6
风速频率/%	0.48	8.71	24.28	22.95	15.05	11.21	7.55
风能频率/%	0.00	0.06	1.43	5.06	8.78	14.19	17.02
风速段/(m/s)	7	8	9	10	11	12	13
风速频率/%	5.14	2.75	1.27	0.45	0.09	0.07	0.02
风能频率/%	19.18	15.48	10.17	5.21	1.40	1.46	0.56

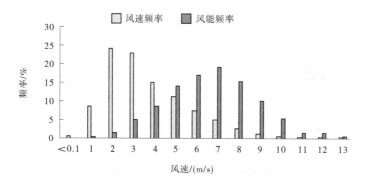

图 3-4　10 m 高度风速频率和风能频率分布直方图

3.2　二连浩特市风能资源

二连浩特气象站为国家基本气象站(台站号:53068),站址位置东经111.936 9°,北纬43.630 3°;观测场海拔高度963.1 m。

(1)气象站累年(2000—2019 年)平均风速及风向见表 3-6~表 3-8、图 3-5、图 3-6。

表 3-6　气象站累年风速年际变化

年份	2000	2001	2002	2003	2004	2005	2006	2007	2008	2009	2010
风速/(m/s)	3.53	3.65	3.56	3.22	3.24	3.33	3.42	3.12	3.34	3.27	3.27
年份	2011	2012	2013	2014	2015	2016	2017	2018	2019	平均风速	
风速/(m/s)	2.83	4.43	4.44	4.23	4.17	4.17	3.99	4.24	4.12	3.68	

表 3-7　气象站累年逐月平均风速

月份	1	2	3	4	5	6	7	8	9	10	11	12	平均
风速/(m/s)	3.2	3.3	3.9	4.6	4.8	3.7	3.4	3.3	3.4	3.6	3.7	3.4	3.7

表 3-8　气象站全年各风向频率统计

风向	NNE	NE	ENE	E	ESE	SE	SSE	S	SSW	SW	WSW	W	WNW	NW	NNW	N	C
近20年风向频率	3.0	4.5	8.0	5.4	2.9	3.6	2.8	3.9	6.9	12.1	7.9	11.3	11.2	6.9	4.0	3.8	1.6
2019年风向频率	3.2	3.1	8.0	4.7	5.5	3.0	3.1	2.9	5.8	12.6	10.3	8.7	14.3	5.6	4.7	2.2	0.9

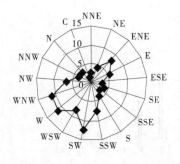 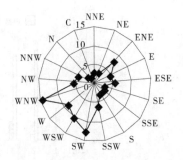

图 3-5　气象站近 20 年全年风向频率玫瑰图　　图 3-6　气象站 2019 年全年风向频率玫瑰图

（2）2019 年气象站 10 m 高度各月风速及风功率密度见表 3-9、图 3-7。

表 3-9　10 m 高度各月风速及风功率密度

月份	1	2	3	4	5	6	7
风速/（m/s）	3.97	2.91	4.20	5.04	5.52	4.57	3.83
风功率密度/（W/m²）	85.99	53.47	102.15	159.85	266.53	130.80	78.98
月份	8	9	10	11	12	平均	
风速/（m/s）	3.91	3.48	4.13	4.05	3.83	4.12	
风功率密度/（W/m²）	93.97	66.91	118.83	110.15	102.48	114.18	

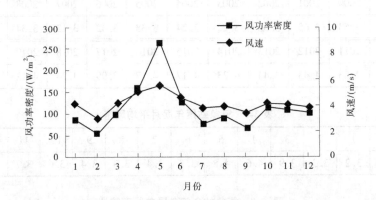

图 3-7　10 m 高度风速及风功率密度年变化

（3）2019 年气象站 10 m 高度风速频率和风能频率分布见表 3-10、图 3-8。

表 3-10　10 m 高度风速频率和风能频率分布

风速段/（m/s）	<0.1	1	2	3	4	5	6	7	8
风速频率/%	0.55	4.66	16.55	19.46	15.97	12.80	9.68	7.08	4.89
风能频率/%	0.00	0.01	0.41	1.91	4.16	6.96	9.65	11.42	12.14
风速段/（m/s）	9	10	11	12	13	14	15	>15	
风速频率/%	3.45	2.01	1.32	0.67	0.33	0.24	0.10	0.24	
风能频率/%	12.32	10.13	8.90	5.94	3.78	3.43	1.80	7.05	

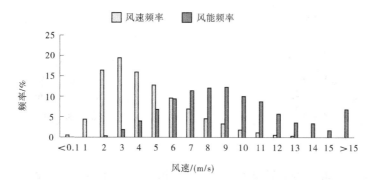

图 3-8　10 m 高度风速频率和风能频率分布直方图

3.3　多伦县风能资源

多伦县气象站为国家基本气象站(台站号:54208),站址位置东经 116.466°,北纬 42.193 6°;观测场海拔高度 1 245.4 m。

(1)气象站累年(2000—2019 年)平均风速及风向见表 3-11～表 3-13、图 3-9、图 3-10。

表 3-11　气象站累年风速年际变化

年份	2000	2001	2002	2003	2004	2005	2006	2007	2008	2009	2010
风速/(m/s)	3.07	3.29	3.25	2.76	2.94	2.96	2.92	2.79	2.88	2.97	3.07
年份	2011	2012	2013	2014	2015	2016	2017	2018	2019	平均风速	
风速(m/s)	2.65	2.87	2.8	2.47	2.47	2.6	2.57	2.62	2.53	2.82	

表 3-12　气象站累年逐月平均风速

月份	1	2	3	4	5	6	7	8	9	10	11	12	平均
风速/(m/s)	2.76	2.86	3.5	3.67	3.47	2.49	2.12	1.88	2.12	2.77	3.06	3.16	2.8

表 3-13　气象站全年各风向频率统计

风向	NNE	NE	ENE	E	ESE	SE	SSE	S	SSW	SW	WSW	W	WNW	NW	NNW	N	C
近 20 年风向频率	2.5	2.1	2.5	2.3	2.5	3.1	4.5	6.3	7.3	8.9	8.5	12.1	13.0	6.6	4.9	3.3	9.5
2019 年风向频率	2.3	2.4	2.8	1.9	1.7	2.6	3.7	6.7	7.6	9.9	9.0	14.5	12.5	6.6	4.4	3.9	7.1

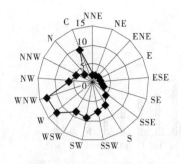 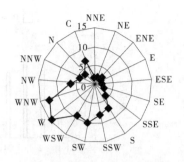

图 3-9　气象站近 20 年全年风向频率玫瑰图　　图 3-10　气象站 2019 年全年风向频率玫瑰图

（2）2019 年气象站 10 m 高度各月风速及风功率密度见表 3-14、图 3-11。

表 3-14　10 m 高度各月风速及风功率密度

月份	1	2	3	4	5	6	7
风速/（m/s）	2.68	2.14	3.17	2.98	3.63	2.39	1.81
风功率密度/（W/m²）	40.66	27.92	51.77	51.01	78.82	27.38	13.18
月份	8	9	10	11	12	平均	
风速/（m/s）	2.35	1.67	2.43	2.65	2.48	2.53	
风功率密度/（W/m²）	24.61	14.57	32.33	51.70	28.06	36.84	

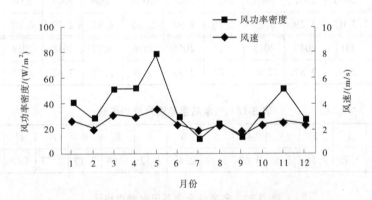

图 3-11　10 m 高度风速频率及风功率密度年变化

（3）2019 年气象站 10 m 高度风速频率和风能频率分布见表 3-15、图 3-12。

表 3-15　10 m 高度风速频率和风能频率分布

风速段/（m/s）	<0.1	1	2	3	4	5	6	7	8
风速频率/%	4.57	23.62	22.80	16.10	11.87	8.22	5.80	3.48	1.97
风能频率/%	0.00	0.16	1.54	4.76	9.37	13.36	17.20	16.84	14.44
风速段/（m/s）	9	10	11	12	13	14	15	>15	
风速频率/%	0.92	0.34	0.24	0.03	0.01	0.01	0.00	0.01	
风能频率/%	9.89	5.05	4.93	0.85	0.41	0.45	0.00	0.74	

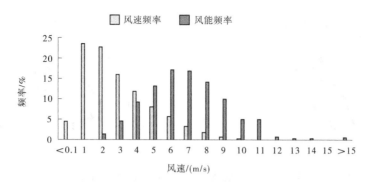

图 3-12 10 m 高度风速频率和风能频率分布直方图

3.4 阿巴嘎旗风能资源

3.4.1 阿巴嘎旗气象站

阿巴嘎旗气象站为国家基本气象站（台站号：53192），站址位置东经115°，北纬44.016 7°；观测场海拔高度1 147.7 m。

（1）气象站累年（2000—2019 年）平均风速及风向见表 3-16～表 3-18、图 3-13、图 3-14。

表 3-16 气象站累年风速年际变化

年份	2000	2001	2002	2003	2004	2005	2006	2007	2008	2009	2010
风速/(m/s)	2.9	2.97	2.88	2.58	2.92	3.23	3.23	2.98	3.31	3.25	3.28
年份	2011	2012	2013	2014	2015	2016	2017	2018	2019	平均风速	
风速/(m/s)	2.73	2.75	2.8	2.49	2.53	4.46	4.44	4.68	4.44	3.24	

表 3-17 气象站累年逐月平均风速

月份	1	2	3	4	5	6	7	8	9	10	11	12	平均
风速(m/s)	2.40	2.66	3.63	4.29	4.58	3.52	3.13	2.96	2.97	3.07	3.07	2.55	3.24

图 3-18 气象站全年各风向频率统计

风向	NNE	NE	ENE	E	ESE	SE	SSE	S	SSW	SW	WSW	W	WNW	NW	NNW	N	C
近20年风向频率	5.1	8.0	6.3	5.0	2.9	2.8	2.7	3.0	3.6	4.6	10.4	14.7	9.3	6.6	3.8	3.3	7.7
2019年风向频率	4.7	4.4	5.6	4.7	3.3	2.4	2.3	2.6	3.8	5.5	11.7	13.0	13.2	9.8	4.8	3.8	3.8

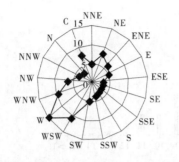 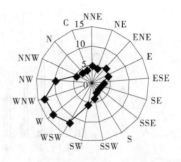

图 3-13 气象站近 20 年全年风向频率玫瑰图　　图 3-14 气象站 2019 年全年风向频率玫瑰图

（2）2019 年气象站 10 m 高度各月风速及风功率密度见表 3-19、图 3-15。

表 3-19　10 m 高度各月风速及风功率密度

月份	1	2	3	4	5	6	7
风速/(m/s)	3.87	3.08	4.98	5.64	6.39	4.85	4.20
风功率密度/(W/m²)	116.59	65.24	354.82	282.15	408.11	163.55	133.93
月份	8	9	10	11	12	平均	
风速/(m/s)	4.94	3.60	4.95	4.21	2.59	4.44	
风功率密度/(W/m²)	171.68	90.79	274.06	167.83	37.59	188.86	

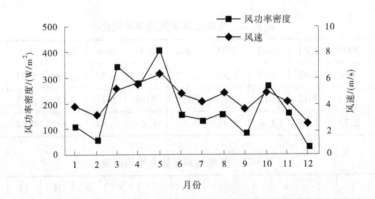

图 3-15　10 m 高度风速及风功率密度年变化

（3）2019 年气象站 10 m 高度风速频率和风能频率分布见表 3-20、图 3-16。

表 3-20　10 m 高度风速频率和风能频率分布

风速段/(m/s)	<0.1	1	2	3	4	5	6	7	8
风速频率/%	0.55	4.66	16.55	19.46	15.97	12.80	9.68	7.08	4.89
风能频率/%	0.00	0.01	0.41	1.91	4.16	6.96	9.65	11.42	12.14
风速段/(m/s)	9	10	11	12	13	14	15	>15	
风速频率/%	3.45	2.01	1.32	0.67	0.33	0.24	0.10	0.24	
风能频率/%	12.32	10.13	8.90	5.94	3.78	3.43	1.80	7.05	

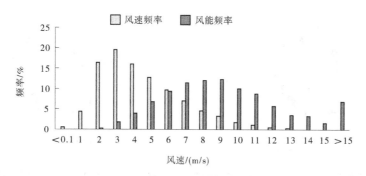

图 3-16　10 m 高度风速频率和风能频率分布直方图

3.4.2　那仁宝力格气象站

那仁宝力格气象站为国家基本气象站(台站号:53083),站址位置东经 114.15°,北纬 44.616 7°;观测场海拔高度 1 181.6 m。

(1)气象站累年(2000—2019 年)平均风速及风向见表 3-21 ~ 表 3-23、图 3-17、图 3-18。

表 3-21　气象站累年风速年际变化

年份	2000	2001	2002	2003	2004	2005	2006	2007	2008	2009	2010
风速/(m/s)	3.33	3.44	3.34	3.22	3.34	3.12	3.11	3.18	3.37	3.39	3.41
年份	2011	2012	2013	2014	2015	2016	2017	2018	2019	平均风速	
风速/(m/s)	3.07	3.27	3.28	3.43	3.5	3.67	3.87	3.82	3.57	3.38	

表 3-22　气象站累年逐月平均风速

月份	1	2	3	4	5	6	7	8	9	10	11	12	平均
风速/(m/s)	2.46	2.85	3.66	4.45	4.74	3.81	3.43	3.21	3.25	3.24	2.98	2.54	3.4

表 3-23　气象站全年各风向频率统计

风向	NNE	NE	ENE	E	ESE	SE	SSE	S	SSW	SW	WSW	W	WNW	NW	NNW	N	C
近 20 年风向频率	8.4	7.8	7.6	5.0	3.1	2.7	2.5	2.8	3.5	5.0	5.5	7.0	8.1	8.8	7.5	8.7	5.7
2019 年风向频率	9.7	8.3	7.8	5.3	2.2	1.8	2.1	2.6	3.6	5.7	5.2	7.2	9.1	9.5	7.9	8.7	2.5

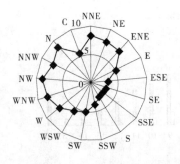 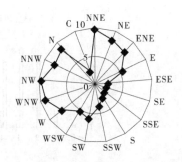

图 3-17　气象站近 20 年全年风向频率玫瑰图　　图 3-18　气象站 2019 年全年风向频率玫瑰图

（2）2019 年气象站 10 m 高度各月风速及风功率密度见表 3-24、图 3-19。

表 3-24　10 m 高度各月风速及风功率密度

月份	1	2	3	4	5	6	7
风速/（m/s）	3.00	2.53	4.08	4.29	5.27	4.06	3.38
风功率密度/（W/m²）	47.75	28.56	101.38	118.35	207.25	94.62	66.80
月份	8	9	10	11	12	平均	
风速/（m/s）	3.82	3.24	3.88	3.14	2.13	3.57	
风功率密度/（W/m²）	73.00	52.36	95.83	53.31	19.08	79.86	

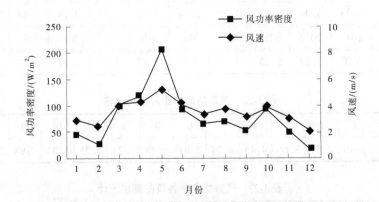

图 3-19　10 m 高度风速及风功率密度年变化

（3）2019 年气象站 10 m 高度风速频率和风能频率分布见表 3-25、图 3-20。

表 3-25　10 m 高度风速频率和风能频率分布

风速段/（m/s）	<0.1	1	2	3	4	5	6	7	8
风速频率/%	1.22	9.68	19.22	20.55	15.92	10.22	7.69	5.47	3.93
风能频率/%	0.00	0.03	0.66	2.78	5.72	7.68	10.60	12.24	13.58
风速段/（m/s）	9	10	11	12	13	14	15	>15	
风速频率/%	2.63	1.64	1.02	0.50	0.15	0.03	0.02	0.10	
风能频率/%	13.05	11.47	9.40	6.08	2.31	0.67	0.53	3.20	

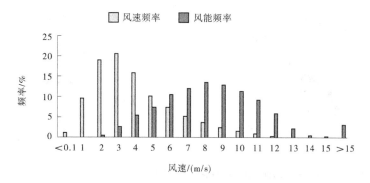

图 3-20　10 m 高度风速频率和风能频率分布直方图

3.5　苏尼特右旗风能资源

3.5.1　苏尼特右旗气象站

苏尼特右旗气象站为国家基本气象站(台站号:53272),站址位置东经 112.633 3°,北纬 42.75°;观测场海拔高度 1 104.9 m。

(1)气象站累年(2000—2019 年)平均风速及风向见表 3-26~表 3-28、图 3-21、图 3-22。

表 3-26　气象站累年风速年际变化

年份	2000	2001	2002	2003	2004	2005	2006	2007	2008	2009	2010
风速/(m/s)	3.14	3.27	3.23	3.24	3.09	3.26	4.79	4.21	4.65	4.55	4.78
年份	2011	2012	2013	2014	2015	2016	2017	2018	2019	平均风速	
风速/(m/s)	4.04	4.21	4.45	4.12	3.95	4.47	4.37	4.49	4.17	4.02	

表 3-27　气象站累年逐月平均风速

月份	1	2	3	4	5	6	7	8	9	10	11	12	平均
风速/(m/s)	3.99	3.89	4.39	4.74	5.01	3.74	3.32	3.13	3.34	3.89	4.38	4.40	4.02

表 3-28　气象站全年各风向频率统计

风向	NNE	NE	ENE	E	ESE	SE	SSE	S	SSW	SW	WSW	W	WNW	NW	NNW	N	C
近 20 年风向频率	2.4	3.0	3.3	4.4	2.4	2.4	2.2	4.6	5.4	13.8	16.4	13.5	8.1	6.8	3.8	3.5	3.0
2019 年风向频率	2.3	3.2	4.3	5.2	2.4	2.2	1.7	3.5	6.4	16.4	18.3	13.4	8.0	5.2	2.8	2.4	1.3

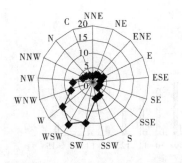 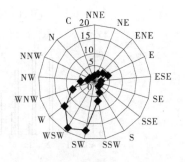

图 3-21　气象站近 20 年全年风向频率玫瑰图　　图 3-22　气象站 2019 年全年风向频率玫瑰图

（2）2019 年气象站 10 m 高度各月风速及风功率密度见表 3-29、图 3-23。

表 3-29　10 m 高度各月风速及风功率密度

月份	1	2	3	4	5	6	7
风速/（m/s）	4.50	3.35	4.38	5.03	5.43	4.22	3.42
风功率密度/（W/m²）	119.67	75.23	120.73	170.54	243.26	109.10	62.51
月份	8	9	10	11	12	平均	
风速/（m/s）	3.50	3.17	4.18	4.27	4.61	4.17	
风功率密度/（W/m²）	72.46	46.73	115.56	128.78	104.33	114.08	

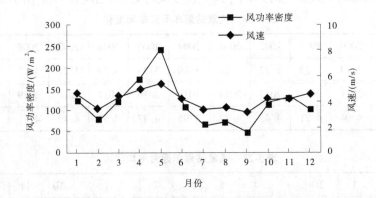

图 3-23　10 m 高度风速及风功率密度年变化

（3）2019 年气象站 10 m 高度风速频率和风能频率分布见表 3-30、图 3-24。

表 3-30　10 m 高度风速频率和风能频率分布

风速段/（m/s）	<0.1	1	2	3	4	5	6	7	8
风速频率/%	0.95	4.35	16.32	18.63	15.94	12.95	9.85	7.28	5.29
风能频率/%	0.00	0.01	0.41	1.79	4.01	6.88	9.54	11.53	12.69
风速段/（m/s）	9	10	11	12	13	14	15	>15	
风速频率/%	3.14	2.25	1.29	0.75	0.42	0.21	0.10	0.29	
风能频率/%	11.01	11.09	8.54	6.44	4.71	2.85	1.73	6.76	

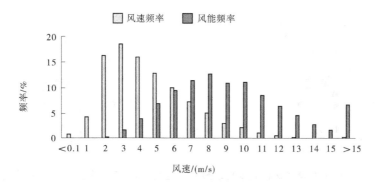

图 3-24　10 m 高度风速频率和风能频率分布直方图

3.5.2　朱日和气象站

朱日和气象站为国家基本气象站(台站号:53276),站址位置东经 112.9°,北纬 42.4°;观测场海拔高度 1 150.8 m。

(1)气象站累年(2000—2019 年)平均风速及风向见表 3-31 ~ 表 3-33、图 3-25、图 3-26。

表 3-31　气象站累年风速年际变化

年份	2000	2001	2002	2003	2004	2005	2006	2007	2008	2009	2010
风速/(m/s)	4.89	4.87	4.65	5.08	4.93	4.88	4.8	4.47	4.13	3.98	5.07
年份	2011	2012	2013	2014	2015	2016	2017	2018	2019	平均风速	
风速/(m/s)	4.5	4.62	4.66	4.48	4.32	4.56	4.43	4.75	4.45	4.62	

表 3-32　气象站累年逐月平均风速

月份	1	2	3	4	5	6	7	8	9	10	11	12	平均
风速/(m/s)	4.72	4.66	5.2	5.49	5.47	4.22	3.9	3.64	3.72	4.48	5	4.97	4.6

表 3-33　气象站全年各风向频率统计

风向	NNE	NE	ENE	E	ESE	SE	SSE	S	SSW	SW	WSW	W	WNW	NW	NNW	N	C
近20年风向频率	3.5	3.4	2.5	1.4	1.2	1.8	3.5	7.2	8.0	15.8	17.2	11.3	8.6	5.5	3.7	2.7	2.4
2019年风向频率	3.8	4.5	2.4	1.3	0.4	1.3	3.3	5.8	8.1	14.2	19.4	12.9	8.6	5.5	3.8	2.6	0.9

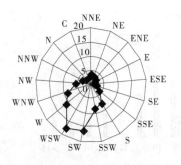 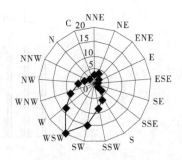

图 3-25　气象站近 20 年全年风向频率玫瑰图　　　图 3-26　气象站 2019 年全年风向频率玫瑰图

（2）2019 年气象站 10 m 高度各月风速及风功率密度见表 3-34、图 3-27。

表 3-34　10 m 高度各月风速及风功率密度

月份	1	2	3	4	5	6	7
风速/(m/s)	4.47	3.51	4.65	5.07	5.87	4.63	3.90
风功率密度/(W/m²)	104.82	72.75	119.07	164.24	246.52	121.11	77.57
月份	8	9	10	11	12	平均	
风速/(m/s)	3.81	3.68	4.60	4.49	4.73	4.45	
风功率密度/(W/m²)	73.56	59.99	128.47	132.26	105.58	117.16	

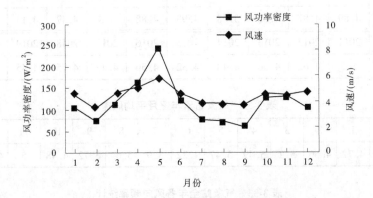

图 3-27　10 m 高度风速及风功率密度年变化

（3）2019 年气象站 10 m 高度风速频率和风能频率分布见表 3-35、图 3-28。

表 3-35　10 m 高度风速频率和风能频率分布

风速段/(m/s)	<0.1	1	2	3	4	5	6	7	8
风速频率/%	0.71	0	3.84	11.34	15.58	16.72	16.15	12.69	9.09
风能频率/%	0	0	0.01	0.28	1.48	4.24	8.48	11.91	13.99
风速段/(m/s)	9	10	11	12	13	14	15	>15	
风速频率/%	5.82	3.37	2.35	1.03	0.49	0.30	0.22	0.17	
风能频率/%	13.51	11.58	11.17	6.51	4.14	3.18	3.01	4.22	

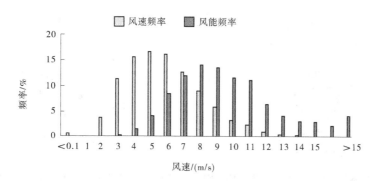

图 3-28　10 m 高度风速频率和风能频率分布直方图

3.6　苏尼特左旗风能资源

苏尼特左旗气象站为国家基本气象站（台站号：53195），站址位置东经 113.633°，北纬 43.85°；观测场海拔高度 1 036.7 m。

（1）气象站累年（2000—2019 年）平均风速及风向见表 3-36 ~ 表 3-38、图 3-29、图 3-30。

表 3-36　气象站累年风速年际变化

年份	2000	2001	2002	2003	2004	2005	2006	2007	2008	2009	2010
风速/(m/s)	4.12	4.33	4.27	3.78	3.6	3.64	3.96	3.48	3.89	3.82	3.73
年份	2011	2012	2013	2014	2015	2016	2017	2018	2019	平均风速	
风速/(m/s)	3.18	3.19	3.34	3.38	3.29	3.28	3.24	3.38	3.1	3.60	

表 3-37　气象站累年逐月平均风速

月份	1	2	3	4	5	6	7	8	9	10	11	12	平均
风速/(m/s)	2.79	2.96	3.76	4.64	4.94	3.81	3.53	3.30	3.48	3.59	3.50	2.91	3.60

表 3-38　气象站全年各风向频率统计

风向	NNE	NE	ENE	E	ESE	SE	SSE	S	SSW	SW	WSW	W	WNW	NW	NNW	N	C
近20年风向频率	2.9	3.9	3.9	5.9	8.6	4.7	3.9	5.5	11.8	10.4	7.9	7.7	7.2	4.5	3.5	2.6	4.8
2019年风向频率	2.5	4.3	4.3	7.6	6.8	2.9	2.3	4.6	11.9	12.2	7.8	9.3	7.4	4.2	3.3	2.5	4.7

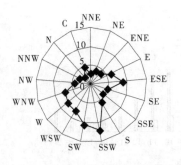
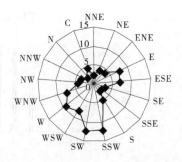

图 3-29 气象站近 20 年全年风向频率玫瑰图   图 3-30 气象站 2019 年全年风向频率玫瑰图

（2）2019 年气象站 10 m 高度各月风速及风功率密度见表 3-39、图 3-31。

表 3-39 10 m 高度各月风速及风功率密度

月份	1	2	3	4	5	6	7
风速/（m/s）	2.86	2.06	2.90	4.06	4.29	3.52	3.22
风功率密度/（W/m²）	37.57	23.45	44.99	95.77	151.54	59.38	48.76
月份	8	9	10	11	12	平均	
风速/（m/s）	3.04	2.71	3.33	3.14	2.40	3.13	
风功率密度/（W/m²）	41.78	31.28	59.43	61.35	17.95	56.10	

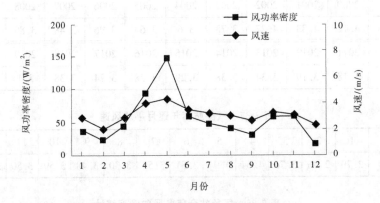

图 3-31 10 m 高度风速及风功率密度年变化

（3）2019 年气象站 10 m 高度风速频率和风能频率分布见表 3-40、图 3-32。

表 3-40 10 m 高度风速频率和风能频率分布

风速段/（m/s）	<0.1	1	2	3	4	5	6	7	8
风速频率/%	3.58	10.40	20.59	22.39	16.62	9.25	7.24	4.30	2.43
风能频率/%	0.00	0.05	1.03	4.33	8.38	9.94	14.14	13.78	11.81
风速段/（m/s）	9	10	11	12	13	14	15	>15	
风速频率/%	1.46	0.94	0.33	0.19	0.14	0.03	0.01	0.09	
风能频率/%	10.23	9.11	4.42	3.54	3.02	0.99	0.38	4.85	

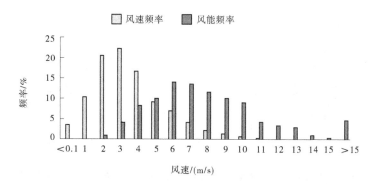

图 3-32　10 m 高度风速频率和风能频率分布直方图

3.7　东乌珠穆沁旗风能资源

3.7.1　东乌珠穆沁旗气象站

东乌珠穆沁旗气象站为国家基本气象站(台站号:50915),站址位置东经116.966 7°,北纬45.516 7°;观测场海拔高度838.9 m。

(1)气象站累年(2000—2019 年)平均风速及风向见表 3-41~表 3-43、图 3-33、图 3-34。

表 3-41　气象站累年风速年际变化

年份	2000	2001	2002	2003	2004	2005	2006	2007	2008	2009	2010
风速/(m/s)	2.83	2.93	2.78	2.72	2.94	2.28	2.58	2.65	2.79	2.75	2.74
年份	2011	2012	2013	2014	2015	2016	2017	2018	2019	平均风速	
风速/(m/s)	2.45	2.57	2.56	2.41	2.48	2.55	2.82	2.82	2.83	2.67	

表 3-42　气象站累年逐月平均风速

月份	1	2	3	4	5	6	7	8	9	10	11	12	平均
风速/(m/s)	2.15	2.34	2.89	3.38	3.52	2.84	2.54	2.44	2.50	2.62	2.53	2.31	2.67

表 3-43　气象站全年各风向频率统计

风向	NNE	NE	ENE	E	ESE	SE	SSE	S	SSW	SW	WSW	W	WNW	NW	NNW	N	C
近 20 年风向频率	8.7	5.0	2.5	3.0	3.4	4.5	3.0	2.6	3.2	12.6	8.4	6.2	7.5	6.5	5.6	6.7	10.4
2019 年风向频率	10.4	4.32	1.57	1.74	2.32	2.74	2.15	2.24	2.99	16.49	8.49	7.65	7.49	6.07	7.57	6.15	8.74

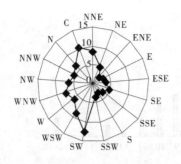 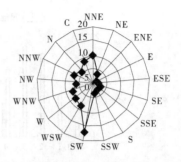

图 3-33　气象站近 20 年全年风向频率玫瑰图　　图 3-34　气象站 2019 年全年风向频率玫瑰图

（2）2019 年气象站 10 m 高度各月风速及风功率密度见表 3-44、图 3-35。

表 3-44　10 m 高度各月风速及风功率密度

月份	1	2	3	4	5	6	7
风速/（m/s）	2.91	2.24	3.03	3.06	4.00	3.07	2.38
风功率密度/（W/m²）	47.78	23.28	48.62	56.56	99.86	43.46	24.73
月份	8	9	10	11	12	平均	
风速/（m/s）	2.53	2.43	3.08	2.67	2.55	2.83	
风功率密度/（W/m²）	30.92	29.13	51.03	45.66	27.37	44.03	

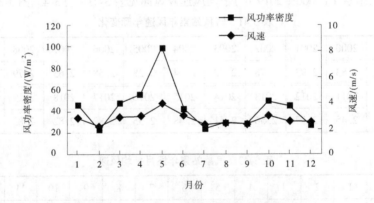

图 3-35　10 m 高度风速及风功率密度年变化

（3）2019 年气象站 10 m 高度风速频率和风能频率分布见表 3-45、图 3-36。

表 3-45　10 m 高度风速频率和风能频率分布

风速段/（m/s）	<0.1	1	2	3	4	5	6	7
风速频率/%	6.31	16.40	19.74	16.71	15.17	10.45	6.82	4.09
风能频率/%	0.00	0.09	1.18	4.12	9.91	14.20	16.78	16.50
风速段/（m/s）	8	9	10	11	12	13	14	
风速频率/%	2.33	1.18	0.51	0.18	0.07	0.03	0.01	
风能频率/%	14.42	10.54	6.30	3.01	1.57	0.98	0.40	

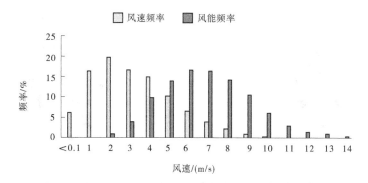

图 3-36 10 m 高度风速频率和风能频率分布直方图

3.7.2 乌拉盖气象站

乌拉盖气象站为国家基本气象站(台站号:50913),站址位置东经 118.833 3°,北纬 45.716 7°;观测场海拔高度 865 m。

(1)气象站累年(2000—2019 年)平均风速及风向见表 3-46 ~ 表 3-48、图 3-37、图 3-38。

表 3-46 气象站累年风速年际变化

年份	2000	2001	2002	2003	2004	2005	2006	2007	2008	2009	2010
风速/(m/s)	3.26	3.22	2.97	2.39	2.43	2.6	2.68	2.76	2.87	2.87	2.63
年份	2011	2012	2013	2014	2015	2016	2017	2018	2019	平均风速	
风速/(m/s)	2.34	2.33	2.47	2.17	2.26	2.64	2.8	2.8	2.79	2.66	

表 3-47 气象站累年逐月平均风速

月份	1	2	3	4	5	6	7	8	9	10	11	12	平均
风速/(m/s)	2.24	2.38	3.00	3.62	3.52	2.67	2.40	2.34	2.41	2.62	2.47	2.26	2.66

表 3-48 气象站全年各风向频率统计

风向	NNE	NE	ENE	E	ESE	SE	SSE	S	SSW	SW	WSW	W	WNW	NW	NNW	N	C
近 20 年风向频率	4.5	3.5	3.2	4.0	4.1	5.3	3.2	2.7	3.0	6.2	9.8	11.4	8.4	8.4	6.5	6.5	9.1
2019 年风向频率	4.3	3.5	3.8	3.0	3.1	4.4	2.7	1.9	3.5	6.8	13.0	12.9	8.2	13.6	5.2	5.6	3.1

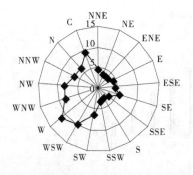
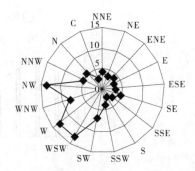

图 3-37 气象站近 20 年全年风向频率玫瑰图　　图 3-38 气象站 2019 年全年风向频率玫瑰图

（2）2019 年气象站 10 m 高度各月风速及风功率密度见表 3-49、图 3-39。

表 3-49　10 m 高度各月风速及风功率密度

月份	1	2	3	4	5	6	7
风速/(m/s)	2.93	2.47	2.98	3.25	3.82	2.94	2.24
风功率密度/(W/m²)	39.20	24.84	42.48	62.20	88.41	33.06	17.64
月份	8	9	10	11	12	平均	
风速/(m/s)	2.44	2.37	2.85	2.96	2.27	2.79	
风功率密度/(W/m²)	21.65	24.30	38.16	45.06	17.23	37.85	

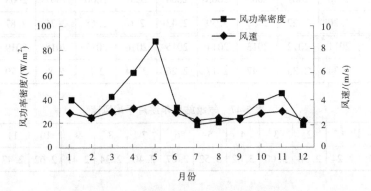

图 3-39　10 m 高度风速及风功率密度年变化

（3）2019 年气象站 10 m 高度风速频率和风能频率分布见表 3-50、图 3-40。

表 3-50　10 m 高度风速频率和风能频率分布

风速段/(m/s)	<0.1	1	2	3	4	5	6
风速频率/%	1.60	15.74	25.53	20.00	14.01	10.25	6.07
风能频率/%	0.00	0.12	1.72	5.72	10.75	16.38	17.22
风速段/(m/s)	7	8	9	10	11	12	
风速频率/%	3.54	1.89	0.78	0.42	0.15	0.02	
风能频率/%	16.62	13.66	8.01	6.29	2.93	0.58	

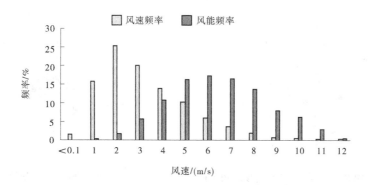

图 3-40　10 m 高度风速频率和风能频率分布直方图

3.8　西乌珠穆沁旗风能资源

西乌珠穆沁旗气象站为国家基本气象站(台站号:54012),站址位置东经 117.633°,北纬 44.566 7°;观测场海拔高度 1 001.7 m。

(1)气象站累年(2000—2019 年)平均风速及风向见表 3-51~表 3-53、图 3-41、图 3-42。

图 3-51　气象站累年风速年际变化表

年份	2000	2001	2002	2003	2004	2005	2006	2007	2008	2009	2010
风速/(m/s)	2.75	2.46	2.12	2.27	2.33	2.78	4.27	4.03	4.3	4.26	4.28
年份	2011	2012	2013	2014	2015	2016	2017	2018	2019	平均风速	
风速/(m/s)	3.73	3.79	3.67	3.3	3.31	3.44	3.23	3.32	3.16	3.34	

表 3-52　气象站累年逐月平均风速

月份	1	2	3	4	5	6	7	8	9	10	11	12	平均
风速/(m/s)	3.62	3.60	3.65	3.96	3.97	2.87	2.66	2.54	2.72	3.20	3.60	3.69	3.34

表 3-53　气象站全年各风向频率统计

风向	NNE	NE	ENE	E	ESE	SE	SSE	S	SSW	SW	WSW	W	WNW	NW	NNW	N	C
近 20 年风向频率	2.8	2.3	3.2	5.3	6.0	4.8	4.3	3.4	3.5	6.6	12.6	12.9	8.8	6.6	4.1	3.9	8.7
2019 年风向频率	2.6	3.0	4.5	5.9	3.8	3.7	2.4	2.8	3.7	6.8	15.6	12.9	9.3	7.8	4.7	4.6	5.2

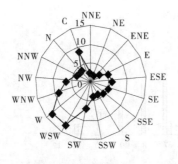
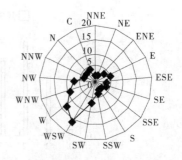

图 3-41 气象站近 20 年全年风向频率玫瑰图 　 图 3-42 气象站 2019 年全年风向频率玫瑰图

（2）2019 年气象站 10 m 高度各月风速及风功率密度见表 3-54、图 3-43。

表 3-54 10 m 高度各月风速及风功率密度

月份	1	2	3	4	5	6	7
风速/（m/s）	3.87	2.92	3.45	3.53	4.04	2.84	2.40
风功率密度/（W/m²）	73.54	42.30	54.60	81.27	91.34	33.86	22.29
月份	8	9	10	11	12	平均	
风速/（m/s）	2.44	2.44	3.43	3.33	3.25	3.16	
风功率密度/（W/m²）	22.75	29.74	55.19	61.09	49.45	51.45	

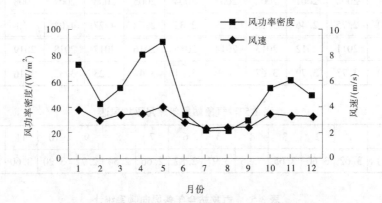

图 3-43 10 m 高度风速及风功率密度年变化

（3）2019 年气象站 10 m 高度风速频率和风能频率分布见表 3-55、图 3-44。

表 3-55 10 m 高度风速频率和风能频率分布

风速段/（m/s）	<0.1	1	2	3	4	5	6	7
风速频率/%	3.21	13.24	19.18	17.18	15.95	12.81	8.50	5.22
风能频率/%	0.00	0.07	1.00	3.68	9.01	15.08	18.06	18.18
风速段/（m/s）	8	9	10	11	12	13	14	
风速频率/%	2.68	1.32	0.32	0.22	0.11	0.05	0.01	
风能频率/%	14.30	10.34	3.44	3.05	2.27	1.15	0.36	

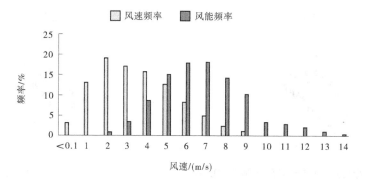

图 3-44 10 m 高度风速频率和风能频率分布直方图

3.9 太仆寺旗风能资源

太仆寺旗气象站为国家基本气象站(台站号:54305),站址位置东经115.266 7°,北纬41.883 3°;观测场海拔高度1 468.9 m。

(1)气象站累年(2000—2019年)平均风速及风向见表3-56~表3-58、图3-45、图3-46。

表 3-56 气象站累年风速年际变化

年份	2000	2001	2002	2003	2004	2005	2006	2007	2008	2009	2010
风速/(m/s)	2.73	2.7	2.74	2.56	3.01	3.01	2.88	3.01	3.13	3.31	3.4
年份	2011	2012	2013	2014	2015	2016	2017	2018	2019	平均风速	
风速/(m/s)	3.02	3.15	3.19	3.11	3.09	3.11	3.12	3.18	3.06	3.02	

表 3-57 气象站累年逐月平均风速

月份	1	2	3	4	5	6	7	8	9	10	11	12	平均
风速/(m/s)	2.79	2.99	3.65	3.86	3.79	2.87	2.49	2.27	2.37	2.94	3.08	3.15	3.02

表 3-58 气象站全年各风向频率统计

风向	NNE	NE	ENE	E	ESE	SE	SSE	S	SSW	SW	WSW	W	WNW	NW	NNW	N	C
近20年风向频率	2.8	2.3	3.2	5.3	6.0	4.8	4.3	3.4	3.5	6.6	12.6	12.9	8.8	6.6	4.1	3.9	8.7
2019年风向频率	2.6	3.0	4.5	5.9	3.8	3.7	2.4	2.8	3.7	6.8	15.6	12.9	9.3	7.8	4.7	4.6	5.2

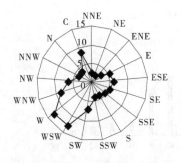 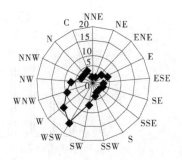

图 3-45　气象站近 20 年全年风向频率玫瑰图　　图 3-46　气象站 2019 年全年风向频率玫瑰图

（2）2019 年气象站 10 m 高度各月风速及风功率密度见表 3-59、图 3-47。

表 3-59　10 m 高度各月风速及风功率密度

月份	1	2	3	4	5	6	7
风速/(m/s)	3.03	2.41	3.73	3.66	4.13	3.17	2.48
风功率密度/(W/m²)	46.66	32.05	74.97	71.51	108.17	49.10	23.57
月份	8	9	10	11	12	平均	
风速/(m/s)	2.94	2.23	2.90	3.27	2.72	3.06	
风功率密度/(W/m²)	40.81	22.18	49.53	73.50	34.80	52.24	

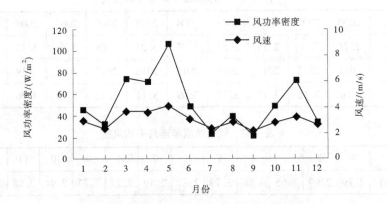

图 3-47　10 m 高度风速及风功率密度年变化

（3）2019 年气象站 10 m 高度风速频率和风能频率分布见表 3-60、图 3-48。

表 3-60　10 m 高度风速频率和风能频率分布

风速段/(m/s)	<0.1	1	2	3	4	5	6	7
风速频率/%	1.38	16.48	21.91	17.47	14.30	10.82	7.39	4.93
风能频率/%	0.00	0.09	1.05	3.59	7.93	12.35	15.33	16.69
风速段/(m/s)	8	9	10	11	12	13	14	
风速频率/%	2.57	1.38	0.70	0.40	0.16	0.10	0.01	
风能频率/%	13.61	10.48	7.31	5.67	2.97	2.48	0.45	

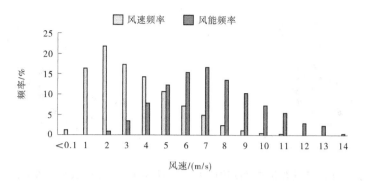

图 3-48　10 m 高度风速频率和风能频率分布直方图

3.10　镶黄旗风能资源

镶黄旗气象站为国家基本气象站(台站号:53289),站址位置东经 113.833 3°,北纬 42.233 3°;观测场海拔高度 1 322.1 m。

(1)气象站累年(2000—2019 年)平均风速及风向见表 3-61 ~ 表 3-63、图 3-49、图 3-50。

表 3-61　气象站累年风速年际变化

年份	2000	2001	2002	2003	2004	2005	2006	2007	2008	2009	2010
风速/(m/s)	3.73	4.1	4.22	3.76	3.83	3.72	3.62	3.77	3.88	4.08	4.35
年份	2011	2012	2013	2014	2015	2016	2017	2018	2019	平均风速	
风速/(m/s)	3.48	3.62	3.5	3.17	3.12	3.2	2.95	3.15	2.99	3.61	

表 3-62　气象站累年逐月平均风速

月份	1	2	3	4	5	6	7	8	9	10	11	12	平均
风速/(m/s)	3.37	3.43	4.09	4.57	4.57	3.56	3.23	2.88	3.02	3.37	3.71	3.56	3.61

表 3-63　气象站全年各风向频率统计

风向	NNE	NE	ENE	E	ESE	SE	SSE	S	SSW	SW	WSW	W	WNW	NW	NNW	N	C
近 20 年风向频率	2.7	2.4	3.4	6.6	4.9	3.3	4.0	4.4	5.9	6.1	11.5	11.3	13.0	8.1	3.9	2.9	5.0
2019 年风向频率	3.8	3.3	3.7	8.6	4.4	2.6	3.0	3.2	4.9	6.9	13.1	14.7	13.0	4.4	3.4	2.7	3.3

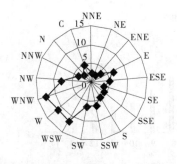 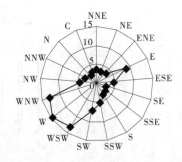

图 3-49　气象站近 20 年全年风向频率玫瑰图　　　图 3-50　气象站 2019 年全年风向频率玫瑰图

（2）2019 年气象站 10 m 高度各月风速及风功率密度见表 3-64、图 3-51。

表 3-64　10 m 高度各月风速及风功率密度

月份	1	2	3	4	5	6	7
风速/(m/s)	2.72	2.38	2.99	3.63	3.82	3.35	2.95
风功率密度/(W/m²)	33.22	26.70	38.22	63.01	82.39	47.38	32.19
月份	8	9	10	11	12	平均	
风速/(m/s)	2.60	2.36	2.74	3.15	3.21	2.99	
风功率密度/(W/m²)	26.42	19.42	34.42	60.44	42.73	42.21	

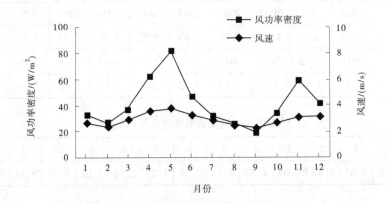

图 3-51　10 m 高度风速及风功率密度年变化

（3）2019 年气象站 10 m 高度风速频率和风能频率分布见表 3-65、图 3-52。

表 3-65　10 m 高度风速频率和风能频率分布

风速段/(m/s)	<0.1	1	2	3	4	5	6	7
风速频率/%	1.85	12.05	24.37	17.97	16.32	12.65	7.80	3.98
风能频率/%	0.00	0.09	1.43	4.72	11.21	17.93	19.89	16.94
风速段/(m/s)	8	9	10	11	12	13	14	>15
风速频率/%	1.58	0.92	0.26	0.16	0.03	0.01	0.02	0.01
风能频率/%	10.14	8.66	3.37	2.83	0.75	0.34	0.90	0.80

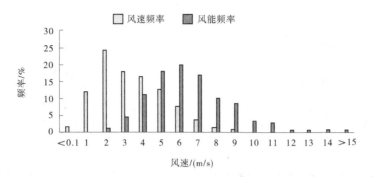

图 3-52　10 m 高度风速频率和风能频率分布直方图

3.11　正镶白旗风能资源

正镶白旗气象站为国家基本气象站(台站号:54204),站址位置东经115.033 6°,北纬42.283 9°;观测场海拔高度 1 366.5 m。

(1)气象站累年(2000—2019 年)平均风速及风向见表 3-66 ~ 表 3-68、图 3-53、图 3-54。

表 3-66　气象站累年风速年际变化表

年份	2000	2001	2002	2003	2004	2005	2006	2007	2008	2009	2010
风速/(m/s)	2.71	2.77	3.52	2.97	3.18	2.92	2.87	2.77	2.96	2.95	3.07
年份	2011	2012	2013	2014	2015	2016	2017	2018	2019	平均风速	
风速/(m/s)	2.01	2.37	2.48	2.42	2.41	2.85	2.74	3.74	3.49	2.86	

表 3-67　气象站累年逐月平均风速

月份	1	2	3	4	5	6	7	8	9	10	11	12	平均
风速/(m/s)	2.64	2.67	3.31	3.72	3.64	2.86	2.58	2.22	2.38	2.64	2.81	2.85	2.86

表 3-68　气象站全年各风向频率统计

风向	NNE	NE	ENE	E	ESE	SE	SSE	S	SSW	SW	WSW	W	WNW	NW	NNW	N	C
近20年风向频率	4.6	8.6	3.5	2.4	2.1	2.2	2.7	4.4	6.3	7.4	8.2	12.8	9.1	6.7	3.6	3.5	11.9
2019年风向频率	3.8	2.7	2.9	3.1	2.3	1.8	2.4	5.7	11.7	12.0	6.6	10.1	9.0	8.2	6.7	5.6	4.8

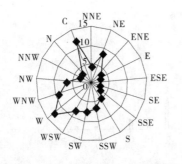 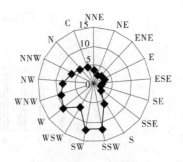

图 3-53　气象站近 20 年全年风向频率玫瑰图　　图 3-54　气象站 2019 年全年风向频率玫瑰图

（2）2019 年气象站 10 m 高度各月风速及风功率密度见表 3-69、图 3-55。

表 3-69　10 m 高度各月风速及风功率密度

月份	1	2	3	4	5	6	7
风速/(m/s)	3.52	2.64	3.69	4.25	4.50	3.83	3.27
风功率密度/(W/m²)	61.29	44.71	80.36	114.06	129.43	72.81	51.61
月份	8	9	10	11	12	平均	
风速/(m/s)	3.46	2.76	3.13	3.47	3.33	3.49	
风功率密度/(W/m²)	68.07	39.74	54.44	76.97	50.64	70.34	

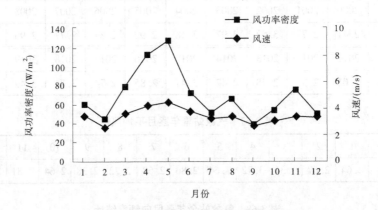

图 3-55　10 m 高度风速及风功率密度年变化

（3）2019 年气象站 10 m 高度风速频率和风能频率分布见表 3-70、图 3-56。

表 3-70　10 m 高度风速频率和风能频率分布

风速段/(m/s)	<0.1	1	2	3	4	5	6	7
风速频率/%	2.87	15.34	15.53	13.94	13.77	12.68	10.34	7.20
风能频率/%	0.00	0.06	0.56	2.23	5.77	11.09	16.19	18.22
风速段/(m/s)	8	9	10	11	12	13	14	15
风速频率/%	4.30	2.37	1.05	0.40	0.13	0.03	0.02	0.02
风能频率/%	16.75	13.23	8.27	4.26	1.68	0.57	0.52	0.60

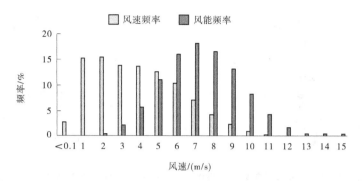

图 3-56　10 m 高度风速频率和风能频率分布直方图

3.12　正蓝旗风能资源

正蓝旗气象站为国家基本气象站(台站号:54205),站址位置东经 116°,北纬 42.233 3°;观测场海拔高度 1 315.5 m。

(1)气象站累年(2000—2019 年)平均风速及风向见表 3-71 ~ 表 3-73、图 3-57、图 3-58。

表 3-71　气象站累年风速年际变化

年份	2000	2001	2002	2003	2004	2005	2006	2007	2008	2009	2010
风速/(m/s)	3.67	3.74	3.67	3.37	3.39	4.16	4.07	4.12	4.32	4.35	4.25
年份	2011	2012	2013	2014	2015	2016	2017	2018	2019	平均风速	
风速/(m/s)	3.59	3.62	3.73	3.43	3.36	3.5	3.37	3.46	3.29	3.72	

表 3-72　气象站累年逐月平均风速

月份	1	2	3	4	5	6	7	8	9	10	11	12	平均
风速/(m/s)	3.62	3.61	4.18	4.51	4.46	3.56	3.27	2.97	3.17	3.61	3.87	3.84	3.72

表 3-73　气象站全年各风向频率统计

风向	NNE	NE	ENE	E	ESE	SE	SSE	S	SSW	SW	WSW	W	WNW	NW	NNW	N	C
近 20 年风向频率	2.7	3.1	2.4	1.7	1.6	1.8	2.2	3.6	11.8	19.1	11.9	11.0	9.3	6.3	4.0	3.6	3.7
2019 年风向频率	1.6	3.5	2.4	1.2	1.2	1.1	1.2	2.2	9.3	26.1	15.3	11.1	8.2	5.5	4.7	3.8	1.0

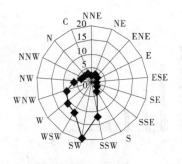 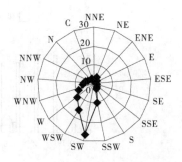

图 3-57　气象站近 20 年全年风向频率玫瑰图　　图 3-58　气象站 2019 年全年风向频率玫瑰图

（2）2019 年气象站 10 m 高度各月风速及风功率密度见表 3-74、图 3-59。

表 3-74　10 m 高度各月风速及风功率密度

月份	1	2	3	4	5	6	7
风速/(m/s)	3.56	2.72	3.50	3.71	4.33	3.29	2.75
风功率密度/(W/m²)	48.10	36.01	48.11	67.33	95.74	44.13	25.12
月份	8	9	10	11	12	\multicolumn{2}{c}{平均}
风速/(m/s)	2.76	2.62	3.22	3.46	3.55	\multicolumn{2}{c}{3.29}
风功率密度/(W/m²)	24.72	23.70	44.23	56.08	45.05	\multicolumn{2}{c}{46.53}

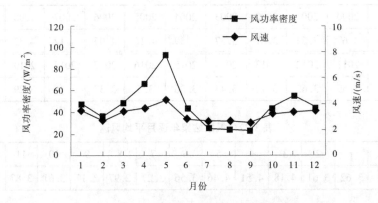

图 3-59　10 m 高度风速及风功率密度年变化

（3）2019 年气象站 10 m 高度风速频率和风能频率分布见表 3-75、图 3-60。

表 3-75　10 m 高度风速频率和风能频率分布

风速段/(m/s)	<0.1	1	2	3	4	5	6	7	8
风速频率/%	0.62	7.57	18.65	22.51	20.65	14.16	8.15	4.44	1.93
风能频率/%	0.00	0.05	1.11	5.35	12.84	18.25	19.03	17.22	11.24
风速段/(m/s)	9	10	11	12	13	14	15	>15	
风速频率/%	0.86	0.27	0.10	0.05	0.01	0.02	0.00	0.01	
风能频率/%	7.36	3.21	1.64	0.93	0.34	0.78	0.00	0.64	

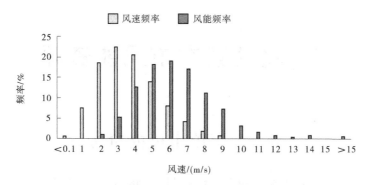

图 3-60　10 m 高度风速频率和风能频率分布直方图

4 乌兰察布市风能资源

4.1 丰镇市风能资源

丰镇气象站为国家基本气象站(台站号:53484),站址位置东经113.15°,北纬40.45°;观测场海拔高度1 191.5 m。

(1)气象站累年(2000—2019年)平均风速及风向见表4-1~表4-3、图4-1、图4-2。

表4-1 气象站累年风速年际变化

年份	2000	2001	2002	2003	2004	2005	2006	2007	2008	2009	2010
风速/(m/s)	2.24	2.31	2.26	1.91	1.9	2.25	2.24	1.89	1.73	1.76	1.84
年份	2011	2012	2013	2014	2015	2016	2017	2018	2019	平均风速	
风速/(m/s)	1.63	1.64	1.59	1.48	1.51	2.03	1.99	2.07	1.97	1.91	

表4-2 气象站累年逐月平均风速

月份	1	2	3	4	5	6	7	8	9	10	11	12	平均
风速/(m/s)	1.50	1.86	2.42	2.71	2.55	2.09	1.72	1.59	1.59	1.71	1.63	1.57	1.91

表4-3 气象站全年各风向频率统计

风向	NNE	NE	ENE	E	ESE	SE	SSE	S	SSW	SW	WSW	W	WNW	NW	NNW	N	C
近20年风向频率	9.0	7.5	3.8	2.6	2.5	3.7	4.1	4.0	3.9	3.9	5.6	7.7	7.2	5.7	5.8	7.0	16.2
2019年风向频率	12.6	7.6	4.2	2.2	2.4	4.0	4.1	4.5	3.3	4.0	6.5	8.1	5.4	4.5	8.6	13.2	4.1

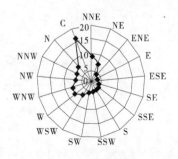
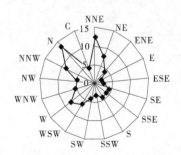

图4-1 气象站近20年全年风向频率玫瑰图　　图4-2 气象站2019年全年风向频率玫瑰图

(2)2019 年气象站 10 m 高度各月风速及风功率密度见表 4-4、图 4-3。

表 4-4　10 m 高度各月风速及风功率密度

月份	1	2	3	4	5	6	7
风速/(m/s)	1.68	2.01	2.46	2.47	2.59	2.09	1.84
风功率密度/(W/m²)	10.46	16.69	27.58	25.32	34.89	14.41	12.30
月份	8	9	10	11	12	平均	
风速/(m/s)	2.01	1.57	1.89	1.79	1.57	2.00	
风功率密度/(W/m²)	16.28	6.53	14.70	13.21	7.31	16.64	

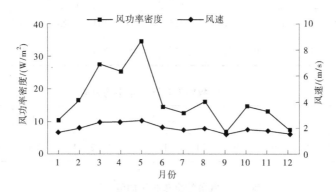

图 4-3　10 m 高度风速及风功率密度年变化

(3)2019 年气象站 10 m 高度风速频率和风能频率分布见表 4-5、图 4-4。

表 4-5　10 m 高度风速频率和风能频率分布

风速段/(m/s)	<0.1	1	2	3	4	5	6
风速频率/%	1.61	28.76	34.06	15.22	9.33	5.74	3.22
风能频率/%	0.00	0.57	4.59	9.70	15.96	20.60	20.74
风速段/(m/s)	7	8	9	10	11	12	
风速频率/%	1.47	0.37	0.16	0.06	0.00	0.01	
风能频率/%	15.59	5.92	3.72	1.92	0.00	0.69	

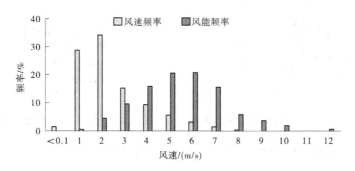

图 4-4　10 m 高度风速频率和风能频率分布直方图

4.2 集宁市风能资源

集宁气象站为国家基本气象站(台站号:53480),站址位置东经 113.066 7°,北纬 41.033 3°;观测场海拔高度 1 419.3 m。

(1)气象站累年(2000—2019 年)平均风速及风向见表 4-6~表 4-8、图 4-5、图 4-6。

表 4-6　气象站累年风速年际变化

年份	2000	2001	2002	2003	2004	2005	2006	2007	2008	2009	2010
风速/(m/s)	2.14	2.09	2.12	1.93	2.02	2.09	2.24	2.11	2.14	2.25	2.24

年份	2011	2012	2013	2014	2015	2016	2017	2018	2019	平均风速	
风速/(m/s)	1.98	1.97	2.08	2.36	2.31	2.35	2.34	2.35	2.28	2.17	

表 4-7　气象站累年逐月年平均风速

月份	1	2	3	4	5	6	7	8	9	10	11	12	平均
风速/(m/s)	2.03	2.22	2.65	2.9	2.71	2.1	1.76	1.52	1.62	2.01	2.2	2.3	2.17

表 4-8　气象站全年各风向频率统计

风向	NNE	NE	ENE	E	ESE	SE	SSE	S	SSW	SW	WSW	W	WNW	NW	NNW	N	C
近 20 年风向频率	1.7	3.2	2.2	2.4	3.5	5.3	3.9	3.1	3.9	7.4	11.9	15.3	11.0	6.2	1.6	1.2	16.1
2019 年风向频率	0.8	1.6	1.7	1.4	5.8	7.2	7.0	4.1	6.0	13.2	21.4	11.1	7.3	4.8	1.2	0.4	4.7

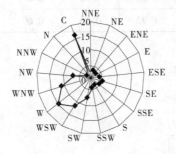 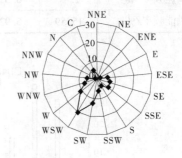

图 4-5　气象站近 20 年全年风向频率玫瑰图　　图 4-6　气象站 2019 年全年风向频率玫瑰图

(2)2019 年气象站 10 m 高度各月风速及风功率密度见表 4-9、图 4-7。

表 4-9　10 m 高度各月风速及风功率密度

月份	1	2	3	4	5	6	7
风速/(m/s)	1.75	1.79	3.06	2.78	2.96	2.42	1.93
风功率密度/(W/m²)	12.77	19.15	60.48	37.38	55.60	26.43	10.21
月份	8	9	10	11	12	平均	
风速/(m/s)	2.05	1.68	2.16	2.24	2.48	2.28	
风功率密度/(W/m²)	15.91	8.24	23.90	29.71	26.40	27.18	

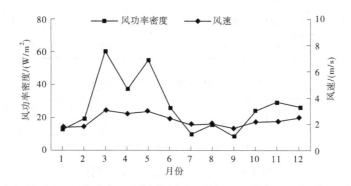

图 4-7　10 m 高度风速及风功率密度年变化

（3）2019 年气象站 10 m 高度风速频率和风能频率分布见表 4-10、图 4-8。

表 4-10　10 m 高度风速频率和风能频率分布

风速段/(m/s)	<0.1	1	2	3	4	5	6	7
风速频率/%	2.24	26.13	25.83	20.27	11.85	6.28	3.14	1.72
风能频率/%	0.00	0.26	2.40	7.98	12.31	13.74	12.49	11.31
风速段/(m/s)	8	9	10	11	12	13	14	
风速频率/%	1.24	0.62	0.39	0.10	0.15	0.02	0.01	
风能频率/%	12.59	8.91	7.96	2.76	5.45	1.06	0.79	

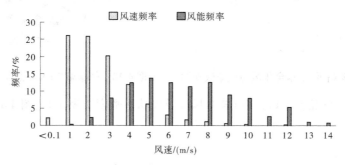

图 4-8　10 m 高度风速频率和风能频率分布直方图

4.3 卓资县风能资源

卓资县气象站为国家基本气象站(台站号:53472),站址位置东经 112.566 7°,北纬 40.866 7°;观测场海拔高度 1 451.7 m。

(1)气象站累年(2000—2019 年)平均风速及风向见表 4-11~表 4-13、图 4-9、图 4-10。

表 4-11 气象站累年风速年际变化

年份	2000	2001	2002	2003	2004	2005	2006	2007	2008	2009	2010
风速/(m/s)	1.52	1.49	1.53	1.26	1.52	1.56	1.58	1.57	1.48	1.58	1.65
年份	2011	2012	2013	2014	2015	2016	2017	2018	2019	平均风速	
风速/(m/s)	1.52	1.63	1.61	1.43	1.41	1.87	1.9	1.99	1.81	1.59	

表 4-12 气象站累年逐月平均风速

月份	1	2	3	4	5	6	7	8	9	10	11	12	平均
风速/(m/s)	1.19	1.56	2.07	2.31	2.18	1.65	1.34	1.16	1.27	1.5	1.49	1.4	1.59

表 4-13 气象站全年各风向频率统计

风向	NNE	NE	ENE	E	ESE	SE	SSE	S	SSW	SW	WSW	W	WNW	NW	NNW	N	C
近 20 年风向频率	2.9	3.4	4.4	2.7	1.7	2.4	4.0	5.7	3.9	4.9	6.3	7.3	7.5	7.1	3.4	3.2	29.3
2019 年风向频率	3.7	3.2	5.8	3.4	2.3	2.7	5.4	7.2	7.3	6.2	8.8	8.6	9.3	9.0	4.9	4.3	7.5

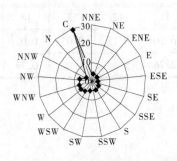

图 4-9 气象站近 20 年全年风向频率玫瑰图 图 4-10 气象站 2019 年全年风向频率玫瑰图

(2)2019 年气象站 10 m 高度各月风速及风功率密度见表 4-14、图 4-11。

表 4-14　10 m 高度各月风速及风功率密度

月份	1	2	3	4	5	6	7
风速/(m/s)	1.39	1.61	2.36	2.30	2.70	2.00	1.49
风功率密度/(W/m²)	6.91	13.56	30.22	24.61	38.70	16.20	6.49
月份	8	9	10	11	12	平均	
风速/(m/s)	1.75	1.28	1.71	1.67	1.45	1.81	
风功率密度/(W/m²)	10.43	4.70	14.17	18.28	7.87	16.01	

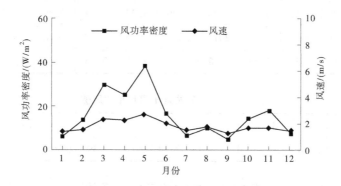

图 4-11　10 m 高度风速及风功率密度年变化

（3）2019 年气象站 10 m 高度风速频率和风能频率分布见表 4-15、图 4-12。

表 4-15　10 m 高度风速频率和风能频率分布

风速段/(m/s)	<0.1	1	2	3	4	5	6	7	8	9	10
风速频率/%	3.23	39.63	25.38	12.72	8.66	5.37	2.72	1.39	0.63	0.18	0.09
风能频率/%	0.00	0.66	3.42	8.41	15.78	19.92	18.57	15.56	10.25	4.30	3.14

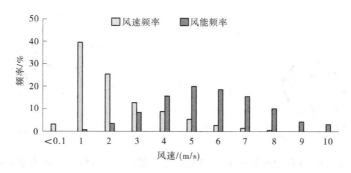

图 4-12　10 m 高度风速频率和风能频率分布直方图

4.4 化德县风能资源

化德县气象站为国家基本气象站(台站号:53391),站址位置东经114°,北纬41.9°;观测场海拔高度1 482.7 m。

(1)气象站累年(2000—2019年)平均风速及风向见表4-16~表4-18、图4-13、图4-14。

表4-16 气象站累年风速年际变化

年份	2000	2001	2002	2003	2004	2005	2006	2007	2008	2009	2010
风速/(m/s)	3.06	3.12	3.15	2.88	2.96	3.27	3.12	2.89	3.27	3.36	3.58
年份	2011	2012	2013	2014	2015	2016	2017	2018	2019	平均风速	
风速/(m/s)	3.1	3.32	3.49	3.47	3.48	3.66	3.45	3.54	3.35	3.27	

表4-17 气象站累年逐月平均风速

月份	1	2	3	4	5	6	7	8	9	10	11	12	平均
风速/(m/s)	3.42	3.36	3.77	4	3.92	2.94	2.61	2.39	2.56	3.09	3.49	3.72	3.27

表4-18 气象站全年各风向频率统计

风向	NNE	NE	ENE	E	ESE	SE	SSE	S	SSW	SW	WSW	W	WNW	NW	NNW	N	C
近20年风向频率	2.69	1.81	1.54	1.54	2.02	2.9	3.68	4.9	6.17	8.36	8.53	14.86	14.9	11.74	4.54	3.58	5.44
2019年风向频率	3.32	1.41	0.91	1.41	2.16	3.91	2.99	4.41	5.57	6.16	6.57	12.66	19.24	15.91	5.24	4.82	2.07

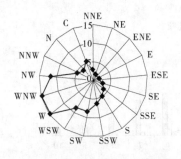

图4-13 气象站近20年全年风向频率玫瑰图　　图4-14 气象站2019年全年风向频率玫瑰图

(2)2019年气象站10 m高度各月风速及风功率密度见表4-19、图4-15。

表 4-19　10 m 高度各月风速及风功率密度

月份	1	2	3	4	5	6	7
风速/(m/s)	3.47	2.71	3.99	3.72	4.23	3.39	2.74
风功率密度/(W/m²)	61.20	41.69	77.91	65.77	106.04	51.73	24.24
月份	8	9	10	11	12	平均	
风速/(m/s)	3.00	2.55	3.12	3.52	3.73	3.35	
风功率密度/(W/m²)	40.53	24.42	52.38	80.50	71.17	58.13	

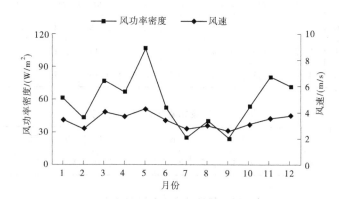

图 4-15　10 m 高度风速及风功率密度年变化

（3）2019 年气象站 10 m 高度风速频率和风能频率分布见表 4-20、图 4-16。

表 4-20　10 m 高度风速频率和风能频率分布

风速段/(m/s)	<0.1	1	2	3	4	5	6	7	8
风速频率/%	1.24	10.54	18.76	19.63	17.85	12.91	8.05	5.03	2.93
风能频率/%	0.00	0.06	0.84	3.73	8.91	13.25	15.05	15.33	13.96
风速段/(m/s)	9	10	11	12	13	14	15	>15	
风速频率/%	1.67	0.84	0.23	0.16	0.06	0.06	0.01	0.02	
风能频率/%	11.37	7.89	2.98	2.67	1.23	1.54	0.35	0.83	

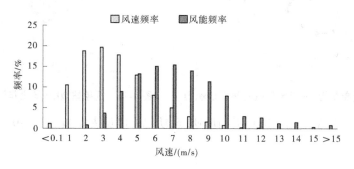

图 4-16　10 m 高度风速频率和风能频率分布直方图

4.5 商都县风能资源

商都县气象站为国家基本气象站(台站号:53385),站址位置东经 113.537 8°,北纬 41.595 6°;观测场海拔高度 1 420 m。

(1)气象站累年(2000—2019 年)平均风速及风向见表 4-21 ~ 表 4-23、图 4-17、图 4-18。

表 4-21　气象站累年风速年际变化

年份	2000	2001	2002	2003	2004	2005	2006	2007	2008	2009	2010
风速/(m/s)	2.66	2.77	2.78	2.55	2.6	2.67	2.59	2.48	2.5	2.54	2.5
年份	2011	2012	2013	2014	2015	2016	2017	2018	2019	平均风速	
风速/(m/s)	2.08	1.9	2.02	4.08	4.12	4.38	4.18	4.23	3.95	2.98	

表 4-22　气象站累年逐月平均风速

月份	1	2	3	4	5	6	7	8	9	10	11	12	平均
风速/(m/s)	2.94	3.05	3.58	3.83	3.7	2.81	2.35	2.16	2.29	2.8	3.1	3.19	2.98

表 4-23　气象站全年各风向频率统计

风向	NNE	NE	ENE	E	ESE	SE	SSE	S	SSW	SW	WSW	W	WNW	NW	NNW	N	C
近20年风向频率	3.4	2.5	2.0	2.3	2.5	3.4	3.2	3.2	4.2	5.4	8.7	11.9	11.3	10.8	6.4	5.8	12.8
2019年风向频率	4.7	2.6	1.6	1.6	2.3	3.3	3.1	3.5	4.8	7.2	7.6	6.2	10.7	15.7	12.2	11.1	0.9

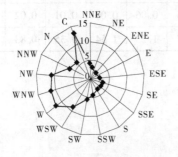

图 4-17　气象站近 20 年全年风向频率玫瑰图　　图 4-18　气象站 2019 年全年风向频率玫瑰图

(2)2019 年气象站累年逐月平均风速、风功率密度见表 4-24、图 4-19。

表 4-24　10 m 高度各月风速及风功率密度

月份	1	2	3	4	5	6	7
风速/(m/s)	3.67	3.13	5.02	4.77	5.06	4.17	3.10
风功率密度/(W/m²)	82.04	68.59	166.72	142.71	194.88	93.66	44.97
月份	8	9	10	11	12	平均	
风速/(m/s)	3.59	2.88	3.87	4.22	4.31	3.95	
风功率密度/(W/m²)	70.82	32.02	100.90	135.86	112.65	103.82	

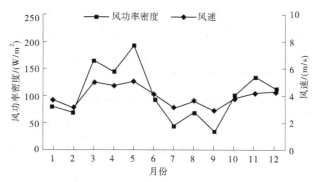

图 4-19　10 m 高度风速及风功率密度年变化

（3）2019 年气象站 10 m 高度风速频率和风能频率分布见表 4-25、图 4-20。

表 4-25　10 m 高度风速频率和风能频率分布

风速段/(m/s)	<0.1	1	2	3	4	5	6	7	8
风速频率/%	0.61	6.32	19.09	18.49	14.86	11.64	9.21	6.44	5.21
风能频率/%	0.00	0.02	0.49	1.95	4.15	6.82	9.72	11.27	13.84
风速段/(m/s)	9	10	11	12	13	14	15	>15	
风速频率/%	3.15	2.28	1.28	0.61	0.40	0.21	0.10	0.10	
风能频率/%	12.01	12.26	9.17	5.68	4.89	3.08	1.93	2.73	

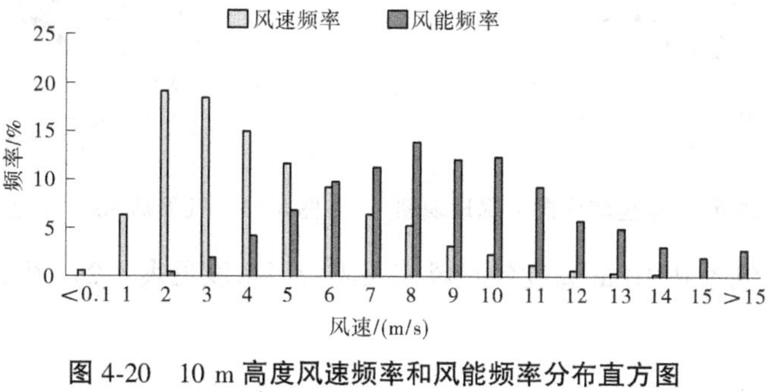

图 4-20　10 m 高度风速频率和风能频率分布直方图

4.6 兴和县风能资源

兴和县气象站为国家基本气象站(台站号:53483),站址位置东经 113.833 3°,北纬 40.866 7°;观测场海拔高度 1 268.7 m。

(1)气象站累年(2000—2019 年)平均风速及风向见表 4-26 ～ 表 4-28、图 4-21、图 4-22。

表 4-26 气象站累年风速年际变化

年份	2000	2001	2002	2003	2004	2005	2006	2007	2008	2009	2010
风速/(m/s)	2.62	2.68	2.57	2.42	2.61	2.42	2.6	2.28	2.28	3.09	3.03
年份	2011	2012	2013	2014	2015	2016	2017	2018	2019	平均风速	
风速/(m/s)	2.91	2.82	2.66	2.42	2.43	2.87	2.88	2.94	2.66	2.65	

表 4-27 气象站累年逐月平均风速

月份	1	2	3	4	5	6	7	8	9	10	11	12	平均
风速/(m/s)	2.47	2.68	3.12	3.42	3.36	2.68	2.28	2.09	2.09	2.44	2.57	2.65	2.65

表 4-28 气象站全年各风向频率统计

风向	NNE	NE	ENE	E	ESE	SE	SSE	S	SSW	SW	WSW	W	WNW	NW	NNW	N	C
近 20 年风向频率	2.6	2.3	2.0	4.8	6.1	7.1	3.5	3.4	2.5	5.1	7.0	10.5	6.1	10.5	8.4	8.4	9.7
2019 年风向频率	3.4	3.3	3.5	5.4	5.4	4.2	3.6	3.1	2.9	4.5	8.5	10.8	6.7	11.2	10.2	6.9	5.9

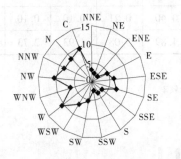

图 4-21 气象站近 20 年全年风向频率玫瑰图   图 4-22 气象站 2019 年全年风向频率玫瑰图

(2)2019 年气象站 10 m 高度各月风速及风功率密度见表 4-29、图 4-23。

表 4-29   10 m 高度各月风速及风功率密度

月份	1	2	3	4	5	6	7
风速/(m/s)	2.50	2.48	3.48	3.42	3.59	2.73	2.33
风功率密度/(W/m²)	28.74	33.18	73.61	64.69	81.58	34.97	20.70
月份	8	9	10	11	12	平均	
风速/(m/s)	2.52	1.59	2.34	2.30	2.60	2.66	
风功率密度/(W/m²)	29.07	9.04	25.13	25.94	29.35	38.00	

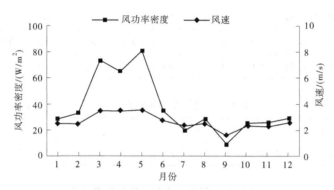

图 4-23   10 m 高度风速及风功率密度年变化

(3)2019 年气象站 10 m 高度风速频率和风能频率分布见表 4-30、图 4-24。

表 4-30   10 m 高度风速频率和风能频率分布

风速段/(m/s)	<0.1	1	2	3	4	5	6	7
风速频率/%	4.35	15.43	28.14	18.21	13.12	8.37	5.31	3.31
风能频率/%	0.00	0.13	1.84	5.17	9.92	13.04	15.26	15.46
风速段/(m/s)	8	9	10	11	12	13	14	
风速频率/%	1.72	1.32	0.45	0.15	0.09	0.01	0.02	
风能频率/%	12.50	13.88	6.39	2.85	2.29	0.38	0.88	

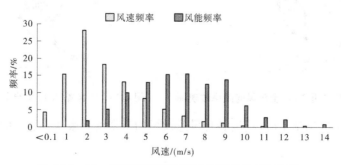

图 4-24   10 m 高度风速频率和风能频率分布直方图

4.7 凉城县风能资源

凉城县气象站为国家基本气象站(台站号:53475),站址位置东经 112.466 7°,北纬 41.516 7°;观测场海拔高度 1 268.9 m。

(1)气象站累年(2000—2019 年)平均风速及风向见表 4-31 ~ 表 4-33、图 4-25、图 4-26。

表 4-31 气象站累年风速年际变化

年份	2000	2001	2002	2003	2004	2005	2006	2007	2008	2009	2010
风速/(m/s)	1.86	1.98	2.28	1.83	2	1.8	1.78	1.63	1.77	1.75	2.36
年份	2011	2012	2013	2014	2015	2016	2017	2018	2019	平均风速	
风速/(m/s)	1.96	1.93	1.98	1.74	1.68	2.27	2.29	2.29	2.22	1.97	

表 4-32 气象站累年逐月平均风速

月份	1	2	3	4	5	6	7	8	9	10	11	12	平均
风速/(m/s)	1.68	2.02	2.39	2.66	2.46	1.99	1.69	1.47	1.52	1.76	2.04	1.95	1.97

表 4-33 气象站全年各风向频率统计

风向	NNE	NE	ENE	E	ESE	SE	SSE	S	SSW	SW	WSW	W	WNW	NW	NNW	N	C
近20年风向频率	2.76	3.72	5.9	3.86	3.18	2.78	3.39	4.2	5.6	8.44	12.36	7.7	5.85	5.52	4.85	3.76	15.95
2019年风向频率	4.82	6.4	5.9	2.74	1.57	2.65	4.74	5.65	6.65	10.57	11.4	6.4	6.74	7.65	6.57	5.15	3.32

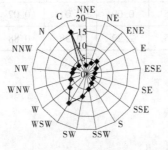 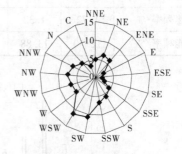

图 4-25 气象站近 20 年全年风向频率玫瑰图　　图 4-26 气象站 2019 年全年风向频率玫瑰图

(2)2019 年气象站 10 m 高度各月风速及风功率密度见表 4-34、图 4-27。

表 4-34　10 m 高度各月风速及风功率密度

月份	1	2	3	4	5	6	7
风速/(m/s)	1.91	2.12	2.73	2.72	3.04	2.39	1.91
风功率密度/(W/m²)	14.79	25.43	40.14	33.46	50.07	22.58	11.66
月份	8	9	10	11	12	平均	
风速/(m/s)	1.87	1.55	2.22	2.13	2.01	2.22	
风功率密度/(W/m²)	11.47	6.26	23.95	23.88	14.82	23.21	

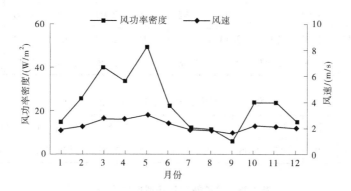

图 4-27　10 m 高度风速及风功率密度年变化

（3）2019 年气象站 10 m 高度风速频率和风能频率分布见表 4-35、图 4-28。

表 4-35　10 m 高度风速频率和风能频率分布

风速段/(m/s)	<0.1	1	2	3	4	5	6
风速频率/%	1.34	25.87	32.51	15.16	10.24	7.72	3.70
风能频率/%	0.00	0.37	3.21	6.94	12.60	20.10	17.07
风速段/(m/s)	7	8	9	10	11	12	
风速频率/%	1.83	0.89	0.45	0.26	0.02	0.02	
风能频率/%	13.88	10.56	7.49	6.11	0.74	0.94	

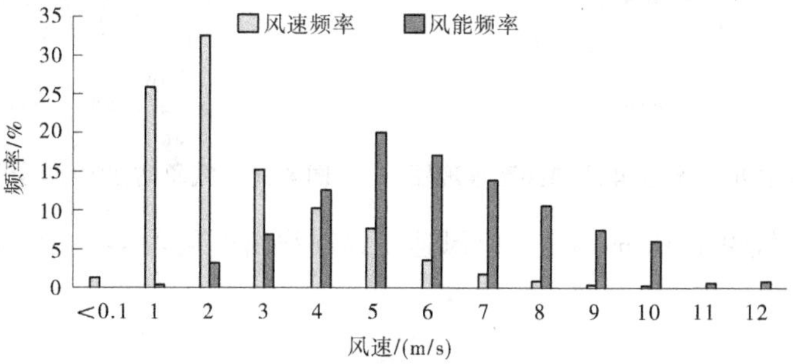

图 4-28　10 m 高度风速频率和风能频率分布直方图

4.8 察哈尔右翼后旗风能资源

察哈尔右翼后旗气象站为国家基本气象站(台站号:53384),站址位置东经113.183 3°,北纬41.45°;观测场海拔高度1 423.5 m。

(1)气象站累年(2000—2019年)平均风速及风向见表4-36～表4-38、图4-29、图4-30。

表4-36　气象站累年风速年际变化

年份	2000	2001	2002	2003	2004	2005	2006	2007	2008	2009	2010
风速/(m/s)	2.92	3.04	2.87	2.56	2.82	3.1	2.99	2.7	3.06	3.16	3.13
年份	2011	2012	2013	2014	2015	2016	2017	2018	2019	平均风速	
风速/(m/s)	2.73	2.8	2.87	2.73	2.58	3	2.86	2.94	2.73	2.88	

表4-37　气象站累年逐月平均风速

月份	1	2	3	4	5	6	7	8	9	10	11	12	平均
风速/(m/s)	2.87	3.02	3.43	3.66	3.56	2.66	2.22	2.03	2.17	2.68	3.01	3.21	2.88

表4-38　气象站全年各风向频率统计

风向	NNE	NE	ENE	E	ESE	SE	SSE	S	SSW	SW	WSW	W	WNW	NW	NNW	N	C
近20年风向频率	2.07	1.68	1.67	2.77	2.55	4.71	7.76	5.99	3.46	4.34	8.72	7.56	14.44	12.99	5.38	3.08	10.65
2019年风向频率	1.67	1.33	1.67	3.58	1.92	3.17	8.83	6.42	5.08	4	8.58	7.08	14.42	13.58	6.5	4.17	7.25

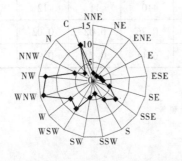

图4-29　气象站近20年全年风向频率玫瑰图　　图4-30　气象站2019年全年风向频率玫瑰图

(2)2019年气象站10 m高度各月风速及风功率密度见表4-39、图4-31。

表 4-39　10 m 高度各月风速及风功率密度

月份	1	2	3	4	5	6	7
风速/（m/s）	2.48	2.18	3.37	3.13	3.45	2.87	2.27
风功率密度/（W/m²）	33.69	31.62	65.86	51.80	75.95	37.94	17.10
月份	8	9	10	11	12	平均	
风速/（m/s）	2.38	1.85	2.69	2.85	3.18	2.73	
风功率密度/（W/m²）	24.63	12.04	39.12	55.16	52.85	41.48	

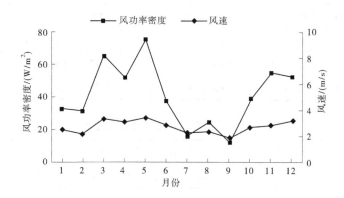

图 4-31　10 m 高度风速及风功率密度年变化

（3）2019 年气象站 10 m 高度风速频率和风能频率分布见表 4-40、图 4-32。

表 4-40　10 m 高度风速频率和风能频率分布

风速段/（m/s）	<0.1	1	2	3	4	5	6
风速频率/%	5.39	16.42	24.44	17.11	13.18	9.61	5.72
风能频率/%	0.00	0.11	1.48	4.49	9.07	13.76	14.88
风速段/（m/s）	7	8	9	10	11	12	13
风速频率/%	3.81	2.42	1.02	0.51	0.30	0.06	0.01
风能频率/%	16.36	15.98	9.79	6.95	5.40	1.39	0.34

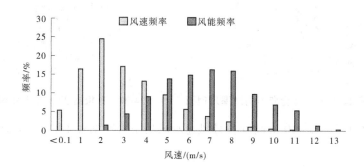

图 4-32　气象站 2019 年 10 m 高度风速频率和风能频率分布直方图

4.9 察哈尔右翼中旗风能资源

察哈尔右翼中旗气象站为国家基本气象站(台站号:53378),站址位置东经 112.616 7°,北纬 41.283 3°;观测场海拔高度 1 737.3 m。

(1)气象站累年(2000—2019 年)平均风速及风向见表 4-41 ~ 表 4-43、图 4-33、图 4-34。

表 4-41　气象站累年风速年际变化

年份	2000	2001	2002	2003	2004	2005	2006	2007	2008	2009	2010
风速/(m/s)	3.25	3.17	3.36	3.22	3.19	3.24	3.31	3.84	4.22	4.23	4.33
年份	2011	2012	2013	2014	2015	2016	2017	2018	2019	平均风速	
风速/(m/s)	3.85	4.07	4.13	3.62	4.12	4.42	4.22	4.44	4.27	3.82	

表 4-42　气象站累年逐月平均风速

月份	1	2	3	4	5	6	7	8	9	10	11	12	平均
风速/(m/s)	3.95	3.92	4.29	4.58	4.48	3.5	3.04	2.76	3.1	3.7	4.16	4.38	3.82

表 4-43　气象站全年各风向频率统计

风向	NNE	NE	ENE	E	ESE	SE	SSE	S	SSW	SW	WSW	W	WNW	NW	NNW	N	C
近20年风向频率	2.65	2.41	1.69	1.8	1.43	1.65	1.72	2.75	4.66	16.22	22.49	13.65	8.76	6.65	3.52	3.06	3.6
2019年风向频率	3.49	2.07	1.65	1.57	1.49	1.57	1.24	1.24	2.74	17.24	25.57	14.24	10.49	6.32	4.07	3.57	0.49

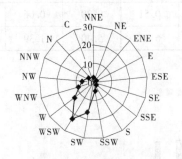

图 4-33　气象站近 20 年全年风向频率玫瑰图　　表 4-34　气象站 2019 年全年风向频率玫瑰图

(2)2019 年气象站 10 m 高度各月风速及风功率密度见表 4-44、图 4-35。

表 4-44　10 m 高度各月风速及风功率密度

月份	1	2	3	4	5	6	7
风速/(m/s)	4.12	3.51	4.91	5.00	5.35	4.49	3.46
风功率密度/(W/m²)	90.78	87.98	146.98	148.43	200.19	489.19	53.80
月份	8	9	10	11	12	平均	
风速/(m/s)	3.53	3.18	4.16	4.64	4.92	4.27	
风功率密度/(W/m²)	58.49	43.41	104.68	137.22	134.72	141.32	

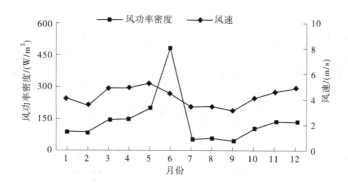

图 4-35　10 m 高度风速及风功率密度年变化

(3)2019 年气象站 10 m 高度风速频率和风能频率分布见表 4-45、图 4-36。

表 4-45　10 m 高度风速频率和风能频率分布

风速段/(m/s)	<0.1	1	2	3	4	5	6	7	8
风速频率/%	0.31	4.11	14.54	18.41	16.88	13.42	10.47	7.29	5.74
风能频率/%	0.00	0.01	0.29	1.46	3.46	5.82	8.13	9.41	11.29
风速段/(m/s)	9	10	11	12	13	14	15	>15	
风速频率/%	4.05	2.15	1.28	0.73	0.37	0.16	0.05	0.03	
风能频率/%	11.54	8.46	6.79	5.14	3.29	1.81	0.63	22.47	

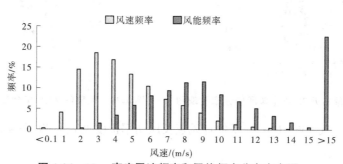

图 4-36　10 m 高度风速频率和风能频率分布直方图

4.10 察哈尔右翼前旗风能资源

察哈尔右翼前旗气象站为国家基本气象站（台站号：53481），站址位置东经113.205°,北纬40.8078°;观测场海拔高度1284.4 m。

（1）气象站累年（2000—2019年）平均风速及风向见表4-46~表4-48、图4-37、图4-38。

表4-46 气象站累年风速年际变化

年份	2000	2001	2002	2003	2004	2005	2006	2007	2008	2009	2010
风速/(m/s)	2.42	2.4	2.26	2.2	2.41	2.43	2.48	2.25	2.33	2.24	2.13
年份	2011	2012	2013	2014	2015	2016	2017	2018	2019	平均风速	
风速/(m/s)	2.27	2.38	2.42	1.97	2.05	2.73	2.45	3.32	3.10	2.41	

表4-47 气象站累年逐月平均风速

月份	1	2	3	4	5	6	7	8	9	10	11	12	平均
风速/(m/s)	2.02	2.39	2.83	3.2	3.08	2.55	2.17	1.92	2.01	2.24	2.34	2.18	2.41

表4-48 气象站全年各风向频率统计

风向	NNE	NE	ENE	E	ESE	SE	SSE	S	SSW	SW	WSW	W	WNW	NW	NNW	N	C
近20年风向频率	4.8	3.44	2.42	2.27	1.49	1.59	2.05	5.21	9.82	11.73	8.76	6.91	6.44	5.04	4.17	6	17.9
2019年风向频率	5.16	3.57	4.32	3.41	2.16	1.82	2.41	4.57	7.99	8.49	16.49	9.57	6.32	5.82	5.99	6.41	4.07

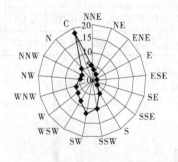

图4-37 气象站近20年全年风向频率玫瑰图　　图4-38 气象站2019年全年风向频率玫瑰图

（2）2019年气象站10 m高度各月风速及风功率密度见表4-49、图4-39。

表 4-49　10 m 高度各月风速及风功率密度

月份	1	2	3	4	5	6	7
风速/(m/s)	2.43	2.50	4.03	4.20	4.38	3.33	2.67
风功率密度/(W/m²)	32.19	48.37	118.91	112.16	155.42	67.03	35.96
月份	8	9	10	11	12	平均	
风速/(m/s)	2.75	2.09	2.82	2.93	3.02	3.10	
风功率密度/(W/m²)	37.44	16.78	51.88	58.52	48.67	65.28	

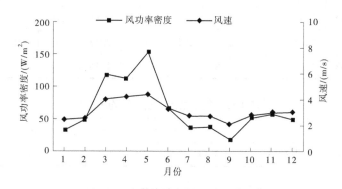

图 4-39　10 m 高度风速及风功率密度年变化

（3）2019 年气象站 10 m 高度风速频率和风能频率分布见表 4-50、图 4-40。

表 4-50　10 m 高度风速频率和风能频率分布

风速段/(m/s)	<0.1	1	2	3	4	5	6	7	8
风速频率/%	2.39	15.42	24.47	17.71	12.23	9.12	6.59	4.32	3.01
风能频率/%	0.00	0.06	0.98	2.89	5.41	8.45	11.02	11.88	12.73
风速段/(m/s)	9	10	11	12	13	14	15	>15	
风速频率/%	2.11	1.29	0.70	0.30	0.15	0.07	0.02	0.11	
风能频率/%	12.80	10.99	7.98	4.44	2.81	1.72	0.65	5.19	

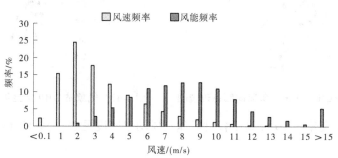

图 4-40　10 m 高度风速频率和风能频率分布直方图

4.11 四子王旗风能资源

四子王旗气象站为国家基本气象站(台站号:53362),站址位置东经111.65°,北纬41.55°;观测场海拔高度1 445.2 m。

(1)气象站累年(2000—2019 年)平均风速及风向见表 4-51~表 4-53、图 4-41、图 4-42。

表 4-51 气象站累年风速年际变化

年份	2000	2001	2002	2003	2004	2005	2006	2007	2008	2009	2010
风速/(m/s)	2.82	2.89	2.86	2.88	2.86	2.77	2.85	2.64	2.71	2.61	2.82
年份	2011	2012	2013	2014	2015	2016	2017	2018	2019	平均风速	
风速/(m/s)	2.53	2.55	2.7	2.8	2.73	2.77	3.15	3.61	3.40	2.85	

表 4-52 气象站累年逐月平均风速

月份	1	2	3	4	5	6	7	8	9	10	11	12	平均
风速/(m/s)	2.43	2.6	3.13	3.57	3.61	2.94	2.62	2.33	2.56	2.74	2.9	2.7	2.85

表 4-53 气象站全年各风向频率统计

风向	NNE	NE	ENE	E	ESE	SE	SSE	S	SSW	SW	WSW	W	WNW	NW	NNW	N	C
近20年风向频率	3.14	2.95	2.16	1.88	1.67	4.4	11.73	12.3	13.56	8.25	5.6	6.68	7.57	6.27	3.81	3.79	3.62
2019年风向频率	2.16	3.08	1.66	1.91	1.66	3.16	9.41	20.16	9.25	8.83	5.41	7.25	6.41	7.83	4	5.08	1.5

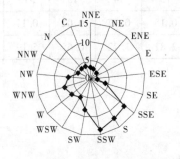 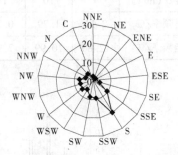

图 4-41 气象站近 20 年全年风向频率玫瑰图　　图 4-42 气象站 2019 年全年风向频率玫瑰图

(2)2019 年气象站 10 m 高度各月风速及风功率密度见表 4-54、图 4-43。

表 4-54　10 m 高度各月风速及风功率密度

月份	1	2	3	4	5	6	7
风速/(m/s)	2.68	2.66	3.72	4.11	4.78	3.87	3.21
风功率密度/(W/m²)	31.75	39.61	81.35	94.76	146.78	78.65	48.23
月份	8	9	10	11	12	平均	
风速/(m/s)	2.79	2.82	3.52	3.52	3.14	3.40	
风功率密度/(W/m²)	33.87	31.52	64.49	74.51	43.99	64.13	

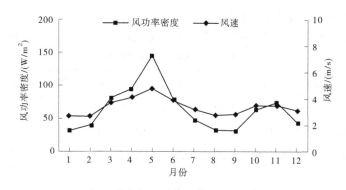

图 4-43　10 m 高度风速及风功率密度年变化图

(3)2019 年气象站 10 m 高度风速频率和风能频率分布见表 4-55、图 4-44。

表 4-55　10 m 高度风速频率和风能频率分布

风速段/(m/s)	<0.1	1	2	3	4	5	6	7
风速频率/%	0.97	7.68	24.73	20.84	13.44	10.68	7.82	5.84
风能频率/%	0.00	0.04	1.04	3.52	5.95	10.08	13.18	16.49
风速段/(m/s)	8	9	10	11	12	13	14	
风速频率/%	3.98	2.25	0.97	0.53	0.18	0.06	0.01	
风能频率/%	16.96	13.90	8.26	6.05	2.81	1.09	0.28	

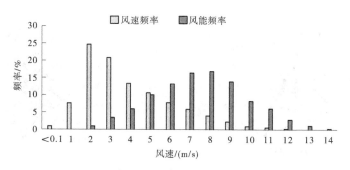

图 4-44　10 m 高度风速频率和风能频率分布直方图

5　鄂尔多斯市风能资源

5.1　东胜区风能资源

东胜气象站为国家基本气象站(台站号:53543),站址位置东经109.983 3°,北纬39.833 3°;观测场海拔高度1 461.9 m。

(1)气象站累年(2000—2019年)平均风速及风向见表5-1~表5-3、图5-1、图5-2。

表5-1　气象站累年风速年际变化

年份	2000	2001	2002	2003	2004	2005	2006	2007	2008	2009	2010
风速/(m/s)	3.02	3.12	2.87	2.69	2.58	2.7	2.88	2.6	2.72	2.81	2.91
年份	2011	2012	2013	2014	2015	2016	2017	2018	2019	平均风速	
风速/(m/s)	2.58	2.59	2.59	2.35	2.39	2.39	2.27	2.37	2.21	2.63	

表5-2　气象站累年逐月平均风速

月份	1	2	3	4	5	6	7	8	9	10	11	12	平均
风速/(m/s)	2.37	2.53	2.88	3.05	2.98	2.76	2.57	2.44	2.38	2.42	2.62	2.56	2.63

表5-3　气象站全年各风向频率统计

风向	NNE	NE	ENE	E	ESE	SE	SSE	S	SSW	SW	WSW	W	WNW	NW	NNW	N	C
近20年风向频率	3.23	5.67	3.39	2.44	2.42	3.43	6.91	13.79	9.9	5.19	4.16	10.01	9.47	5.75	6.13	4.9	2.94
2019年风向频率	3.58	7.25	3.08	2.08	2.33	2.17	6.83	10.17	12.5	7.08	4.42	7.92	8.25	4.25	6.08	5.33	5.33

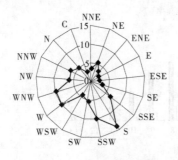 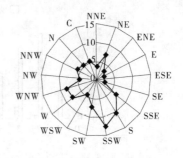

图5-1　气象站近20年全年风向频率玫瑰图　　图5-2　气象站2019年全年风向频率玫瑰图

（2）2019年气象站 10 m 高度各月风速及风功率密度见表 5-4、图 5-3。

表 5-4 10 m 高度各月风速及风功率密度

月份	1	2	3	4	5	6	7
风速/（m/s）	1.96	2.02	2.45	2.46	2.86	2.22	2.13
风功率密度/（W/m²）	8.69	12.84	18.49	17.57	28.62	13.49	11.19
月份	8	9	10	11	12	平均	
风速/（m/s）	1.86	1.80	2.09	2.41	2.31	2.21	
风功率密度/（W/m²）	8.06	8.29	12.82	20.46	14.76	14.61	

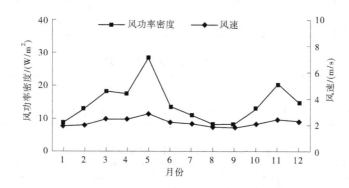

图 5-3 10 m 高度风速及风功率密度年变化

（3）2019年气象站 10 m 高度风速频率和风能频率分布见表 5-5、图 5-4。

表 5-5 10 m 高度风速频率和风能频率分布

风速段/（m/s）	<0.1	1	2	3	4	5	6	7	8	9
风速频率/%	3.98	13.20	30.91	28.92	15.08	5.41	1.82	0.55	0.13	0.01
风能频率/%	0.00	0.25	5.85	21.10	28.61	21.72	13.32	6.67	2.21	0.28

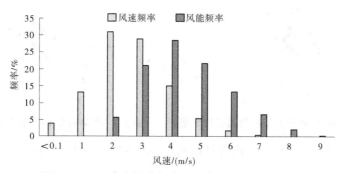

图 5-4 10 m 高度风速频率和风能频率分布直方图

5.2 达拉特旗风能资源

达拉特旗气象站为国家基本气象站(台站号:53457),站址位置东经110.033 3°,北纬40.4°;观测场海拔高度1 011 m。

(1)气象站累年(2000—2019年)平均风速及风向见表5-6~表5-8、图5-5、图5-6。

表5-6 气象站累年风速年际变化

年份	2000	2001	2002	2003	2004	2005	2006	2007	2008	2009	2010
风速/(m/s)	2.12	2.17	2.03	2.04	2.18	2.22	2.17	2.1	2.28	2.2	2.01
年份	2011	2012	2013	2014	2015	2016	2017	2018	2019	平均风速	
风速/(m/s)	1.49	1.38	1.65	1.46	1.54	2.05	2.02	2.08	1.94	1.96	

表5-7 气象站累年逐月平均风速

月份	1	2	3	4	5	6	7	8	9	10	11	12	平均
风速/(m/s)	1.82	1.98	2.39	2.61	2.36	2.02	1.77	1.58	1.47	1.62	1.94	1.92	1.96

表5-8 气象站全年各风向频率统计

风向	NNE	NE	ENE	E	ESE	SE	SSE	S	SSW	SW	WSW	W	WNW	NW	NNW	N	C
近20年风向频率	1.93	3.28	7.45	12.48	7.81	3.58	1.95	2	2.32	3.78	10.58	11.84	7.37	5.62	3.55	2.38	11.89
2019年风向频率	2	4.17	9.92	15.92	7.42	4.08	1.67	1.67	2.83	4.33	11.33	10.33	9.08	4.33	3.83	2.25	3.08

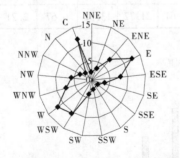 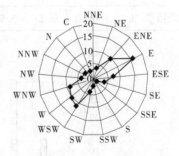

图5-5 气象站近20年全年风向频率玫瑰图　　图5-6 气象站2019年全年风向频率玫瑰图

(2)2019年气象站10 m高度各月风速及风功率密度见表5-9、图5-7。

表 5-9 10 m 高度各月风速及风功率密度

月份	1	2	3	4	5	6	7
风速/(m/s)	1.91	1.99	2.31	2.25	2.54	2.04	1.77
风功率密度/(W/m²)	8.05	11.54	16.29	17.43	24.48	10.62	7.15
月份	8	9	10	11	12	平均	
风速/(m/s)	1.69	1.56	1.73	1.90	1.65	1.94	
风功率密度/(W/m²)	5.94	5.12	8.11	11.69	5.93	11.03	

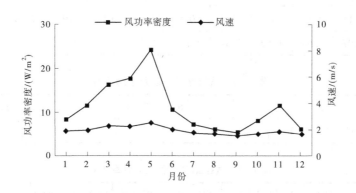

图 5-7 10 m 高度风速及风功率密度年变化

(3)2019 年气象站 10 m 高度风速频率和风能频率分布见表 5-10、图 5-8。

表 5-10 10 m 高度风速频率和风能频率分布

风速段/(m/s)	<0.1	1	2	3	4	5	6	7	8	9	10
风速频率/%	1.80	21.60	36.47	24.73	10.03	3.54	1.15	0.51	0.13	0.02	0.01
风能频率/%	0.00	0.61	8.44	23.17	24.58	19.03	10.92	8.48	3.19	0.87	0.71

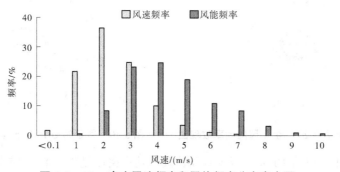

图 5-8 10 m 高度风速频率和风能频率分布直方图

5.3 准格尔旗风能资源

准格尔旗气象站为国家基本气象站(台站号:53553),站址位置东经111.2167°,北纬39.8667°;观测场海拔高度1221.4 m。

(1)气象站累年(2000—2019年)平均风速及风向见表5-11~表5-13、图5-9、图5-10。

表5-11 气象站累年风速年际变化

年份	2000	2001	2002	2003	2004	2005	2006	2007	2008	2009	2010
风速/(m/s)	1.44	1.43	1.41	1.22	1.35	2.74	2.47	2.26	2.39	2.62	2.72
年份	2011	2012	2013	2014	2015	2016	2017	2018	2019	平均风速	
风速/(m/s)	2.07	1.63	1.52	1.44	1.56	1.99	1.93	1.98	1.93	1.90	

表5-12 气象站累年逐月平均风速

月份	1	2	3	4	5	6	7	8	9	10	11	12	平均
风速/(m/s)	1.55	1.8	2.3	2.53	2.42	2.03	1.73	1.6	1.55	1.71	1.83	1.8	1.90

表5-13 气象站全年各风向频率统计

风向	NNE	NE	ENE	E	ESE	SE	SSE	S	SSW	SW	WSW	W	WNW	NW	NNW	N	C
近20年风向频率	4.14	3.78	4.51	3.28	3.36	3.69	4.34	3.73	5.42	4.16	5.72	6.91	9.58	7.88	6.89	4.27	18.18
2019年风向频率	6.32	6.07	7.65	5.9	3.07	1.9	1.9	1.74	1.99	2.82	8.74	16.15	11.15	6.57	6.74	5.99	4.49

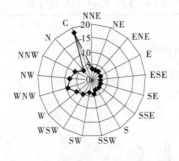

图5-9 气象站近20年全年风向频率玫瑰图 图5-10 气象站2019年全年风向频率玫瑰图

(2)2019年气象站10 m高度各月风速及风功率密度见表5-14、图5-11。

表 5-14　10 m 高度各月风速及风功率密度

月份	1	2	3	4	5	6	7
风速/(m/s)	1.66	1.86	2.35	2.38	2.57	2.07	1.70
风功率密度/(W/m²)	7.66	14.34	25.25	20.87	30.06	13.66	8.47
月份	8	9	10	11	12	平均	
风速/(m/s)	1.74	1.40	1.91	1.88	1.59	1.93	
风功率密度/(W/m²)	7.81	3.93	13.19	16.05	7.23	14.04	

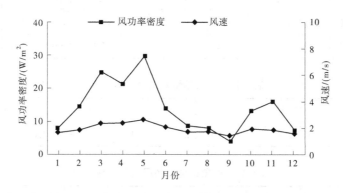

图 5-11　10 m 高度风速及风功率密度年变化

（3）2019 年气象站 10 m 高度风速频率和风能频率分布见表 5-15、图 5-12。

表 5-15　10 m 高度风速频率和风能频率分布

风速段/(m/s)	<0.1	1	2	3	4	5	6	7	8	9	10
风速频率/%	2.37	27.49	33.46	19.22	9.69	4.21	2.04	0.88	0.40	0.18	0.05
风能频率/%	0.00	0.56	5.83	14.36	19.57	17.69	16.23	11.22	7.93	4.81	1.79

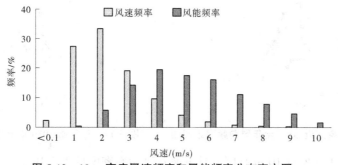

图 5-12　10 m 高度风速频率和风能频率分布直方图

5.4 鄂托克旗风能资源

鄂托克旗气象站为国家基本气象站(台站号:53529),站址位置东经107.932 5°,北纬39.088 3°;观测场海拔高度1 381.4 m。

(1)气象站累年(2000—2019年)平均风速及风向见表5-16~表5-18、图5-13、图5-14。

表5-16 气象站累年风速年际变化

年份	2000	2001	2002	2003	2004	2005	2006	2007	2008	2009	2010
风速/(m/s)	2.44	2.53	2.21	2.05	2.06	2.11	2.38	2.14	2.17	2.11	1.92
年份	2011	2012	2013	2014	2015	2016	2017	2018	2019	平均风速	
风速/(m/s)	2.07	2.76	2.75	2.84	2.88	2.89	2.73	2.86	2.70	2.43	

表5-17 气象站累年逐月平均风速

月份	1	2	3	4	5	6	7	8	9	10	11	12	平均
风速/(m/s)	2.05	2.31	2.72	3.06	3.02	2.67	2.49	2.22	2.07	2.05	2.24	2.21	2.43

表5-18 气象站全年各风向频率统计

风向	NNE	NE	ENE	E	ESE	SE	SSE	S	SSW	SW	WSW	W	WNW	NW	NNW	N	C
近20年风向频率	8.69	4.03	2.69	2.57	3.38	4.68	6.07	6.29	5.33	5.86	4.5	5.95	8.92	5.46	5.51	7.29	12.59
2019年风向频率	10.31	3.81	2.65	2.73	4.06	4.48	5.65	6.48	5.23	5.9	4.65	6.9	7.81	5.15	5.65	7.81	9.56

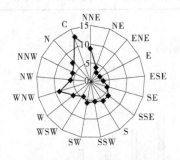 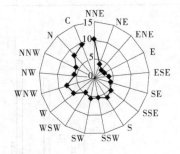

图5-13 气象站近20年全年风向频率玫瑰图　　图5-14 气象站2019年全年风向频率玫瑰图

(2)2019年气象站10 m高度各月风速及风功率密度见表5-19、图5-15。

表 5-19　10 m 高度各月风速及风功率密度

月份	1	2	3	4	5	6	7
风速/(m/s)	2.38	2.64	2.85	3.42	3.34	2.69	2.39
风功率密度/(W/m²)	29.48	43.80	53.29	66.66	74.70	31.30	25.18
月份	8	9	10	11	12	平均	
风速/(m/s)	2.54	2.35	2.60	2.67	2.57	2.70	
风功率密度/(W/m²)	30.55	25.55	39.80	49.55	42.46	42.69	

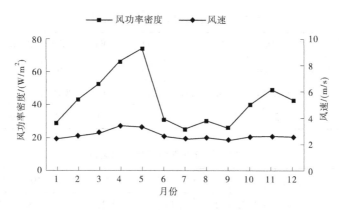

图 5-15　10 m 高度风速及风功率密度年变化

（3）2019 年气象站 10 m 高度风速频率和风能频率分布见表 5-20、图 5-16。

表 5-20　10 m 高度风速频率和风能频率分布

风速段/(m/s)	<0.1	1	2	3	4	5	6	7	8
风速频率/%	0.26	6.72	21.68	21.12	15.56	12.42	8.58	5.37	3.38
风能频率/%	0.00	0.03	0.76	2.96	5.92	9.78	12.17	12.41	12.07
风速段/(m/s)	9	10	11	12	13	14	15	>15	
风速频率/%	1.85	1.20	0.88	0.37	0.37	0.15	0.02	0.08	
风能频率/%	9.63	8.63	8.64	4.75	5.84	3.10	0.58	2.71	

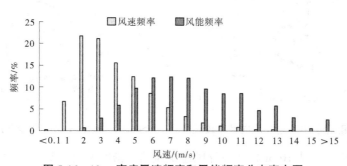

图 5-16　10 m 高度风速频率和风能频率分布直方图

5.5 鄂托克前旗风能资源

5.5.1 鄂托克前旗气象站

鄂托克前旗气象站为国家基本气象站(台站号:53730),站址位置东经107.483°,北纬38.1833°;观测场海拔高度1 333.3 m。

(1)气象站累年(2000—2019年)平均风速及风向见表5-21～表5-23、图5-17、图5-18。

表5-21 气象站累年风速年际变化

年份	2000	2001	2002	2003	2004	2005	2006	2007	2008	2009	2010
风速/(m/s)	2.31	2.38	2.28	2.27	2.03	2.08	2.2	2.01	2.02	1.98	2.27
年份	2011	2012	2013	2014	2015	2016	2017	2018	2019	平均风速	
风速/(m/s)	1.98	1.98	2.01	1.86	2.12	2.17	2.01	2.1	2.19	2.11	

表5-22 气象站累年逐月平均风速

月份	1	2	3	4	5	6	7	8	9	10	11	12	平均
风速/(m/s)	1.51	1.84	2.3	2.72	2.7	2.46	2.44	2.12	1.97	1.8	1.81	1.65	2.11

表5-23 气象站全年各风向频率统计

风向	NNE	NE	ENE	E	ESE	SE	SSE	S	SSW	SW	WSW	W	WNW	NW	NNW	N	C
近20年风向频率	5.34	4.11	4.85	4.66	5.71	4.71	5.78	6.33	6.08	6.87	9.33	6.13	6.02	4.01	3.72	5.28	10.87
2019年风向频率	6.41	4.75	3.33	5.33	3.33	5.83	6.75	8.66	7.5	6.83	8.5	7	4.41	4.08	3.5	6.91	6.25

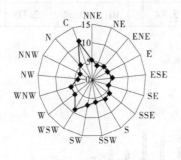

图5-17 气象站近20年全年风向频率玫瑰图　　图5-18 气象站2019年全年风向频率玫瑰图

(2)2019年气象站10 m高度各月风速及风功率密度见表5-24、图5-19。

表 5-24 10 m 高度各月风速及风功率密度

月份	1	2	3	4	5	6	7
风速/(m/s)	1.49	1.97	2.09	2.74	2.80	2.53	2.17
风功率密度/(W/m²)	7.35	15.32	19.62	31.32	30.05	21.95	15.03
月份	8	9	10	11	12	平均	
风速/(m/s)	2.12	2.12	2.08	2.21	1.95	2.19	
风功率密度/(W/m²)	13.25	13.21	15.73	20.29	19.95	18.59	

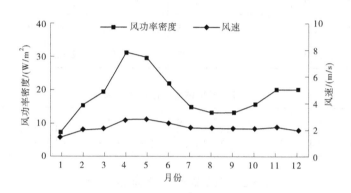

图 5-19 10 m 高度风速及风功率密度年变化

（3）2019 年气象站 10 m 高度风速频率和风能频率分布见表 5-25、图 5-20。

表 5-25 10 m 高度风速频率和风能频率分布

风速段/(m/s)	<0.1	1	2	3	4	5	6	7	8	9	10
风速频率/%	4.00	21.50	27.89	21.13	13.79	6.84	3.00	1.15	0.46	0.21	0.05
风能频率/%	0.00	0.30	3.87	12.32	20.87	21.81	17.56	11.17	6.47	4.31	1.31

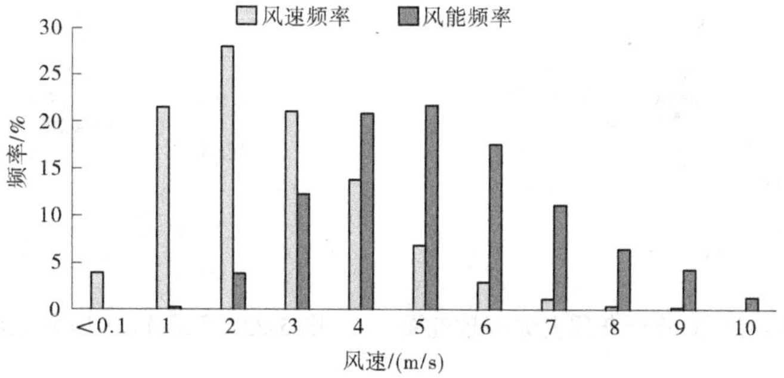

图 5-20 10 m 高度风速频率和风能频率分布直方图

5.5.2 鄂托克前旗河南气象站

鄂托克前旗河南气象站为国家基本气象站（台站号：53732），站址位置东经108.716 7°，北纬37.85°；观测场海拔高度1 209.9 m。

(1)气象站累年（2000—2019年）平均风速及风向见表5-26~表5-28、图5-21、图5-22。

表5-26 气象站累年风速年际变化

年份	2000	2001	2002	2003	2004	2005	2006	2007	2008	2009	2010
风速/(m/s)	1.57	1.58	1.24	1.28	1.56	1.32	1.62	1.43	1.48	1.48	2.21

年份	2011	2012	2013	2014	2015	2016	2017	2018	2019	平均风速	
风速/(m/s)	2.09	2.19	2.17	2.03	2.07	2.64	2.46	2.62	2.51	1.87	

表5-27 气象站累年逐月平均风速

月份	1	2	3	4	5	6	7	8	9	10	11	12	平均
风速/(m/s)	1.33	1.84	2.37	2.68	2.57	2.17	1.83	1.55	1.54	1.56	1.57	1.46	1.87

表5-28 气象站全年各风向频率统计

风向	NNE	NE	ENE	E	ESE	SE	SSE	S	SSW	SW	WSW	W	WNW	NW	NNW	N	C
近20年风向频率	2.52	3.59	2.37	2.64	5.38	16.56	6.49	3.54	2.42	3.18	3.08	3.23	4.82	7.12	4.11	2.81	25.98
2019年风向频率	0.49	3.99	9.32	4.65	25.24	14.65	0.9	1.57	0.65	2.99	9.4	5.07	13.4	2.65	0.57	1.15	2.15

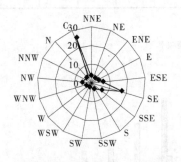

图5-21 气象站近20年全年风向频率玫瑰图　　图5-22 气象站2019年全年风向频率玫瑰图

(2)2019年气象站10 m高度各月风速及风功率密度见表5-29、图5-23。

表 5-29　10 m 高度各月风速及风功率密度

月份	1	2	3	4	5	6	7
风速/(m/s)	1.88	2.31	2.66	3.29	3.37	2.74	2.29
风功率密度/(W/m²)	11.17	23.40	43.77	52.04	60.03	31.85	17.29
月份	8	9	10	11	12	平均	
风速/(m/s)	2.19	2.33	2.19	2.48	2.32	2.51	
风功率密度/(W/m²)	14.64	16.83	16.29	28.86	26.35	28.54	

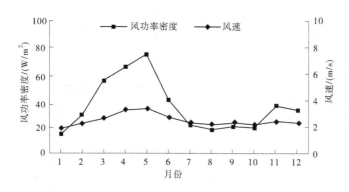

图 5-23　10 m 高度风速及风功率密度年变化

（3）2019 年气象站 10 m 高度风速频率和风能频率分布见表 5-30、图 5-24。

表 5-30　10 m 高度风速频率和风能频率分布

风速段/(m/s)	<0.1	1	2	3	4	5	6	7
风速频率/%	1.36	15.24	32.05	22.80	12.53	7.77	4.10	1.86
风能频率/%	0.00	0.17	2.96	8.34	12.43	16.18	15.67	11.73
风速段/(m/s)	8	9	10	11	12	13	14	
风速频率/%	1.20	0.55	0.26	0.19	0.06	0.01	0.01	
风能频率/%	11.58	7.54	5.04	5.14	1.96	0.50	0.76	

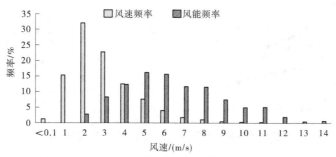

图 5-24　10 m 高度风速频率和风能频率分布直方图

5.6 杭锦旗风能资源

5.6.1 杭锦旗气象站

杭锦旗气象站为国家基本气象站(台站号:53533),站址位置东经108.713 4°,北纬39.810 6°;观测场海拔高度1 414 m。

(1)气象站累年(2000—2019年)平均风速及风向见表5-31～表5-33、图5-25、图5-26。

表5-31 气象站累年风速年际变化

年份	2000	2001	2002	2003	2004	2005	2006	2007	2008	2009	2010
风速/(m/s)	3.08	3.28	2.94	2.98	3.73	2.87	2.71	2.56	2.9	2.96	3.01
年份	2011	2012	2013	2014	2015	2016	2017	2018	2019	平均风速	
风速/(m/s)	2.27	2.33	2.31	4.52	4.58	4.55	4.34	4.62	4.42	3.35	

表5-32 气象站累年逐月平均风速

月份	1	2	3	4	5	6	7	8	9	10	11	12	平均
风速/(m/s)	2.95	3.23	3.63	3.9	4.03	3.45	3.29	2.9	3.08	3.09	3.36	3.24	3.35

表5-33 气象站全年各风向频率统计

风向	NNE	NE	ENE	E	ESE	SE	SSE	S	SSW	SW	WSW	W	WNW	NW	NNW	N	C
近20年风向频率	2.34	2.38	2.96	3.59	5.7	6.44	14.2	7.66	6.2	5.42	6.51	7.77	9.37	5.76	5.75	3.8	3.79
2019年风向频率	2.48	2.15	2.48	4.81	6.4	10.31	13.98	6.31	5.4	5.98	5.98	8.4	8.06	6.06	6.15	3.4	0.9

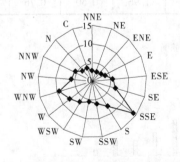

图5-25 气象站近20年全年风向频率玫瑰图　　图5-26 气象站2019年全年风向频率玫瑰图

(2)2019年气象站10 m高度各月风速及风功率密度见表5-34、图5-27。

表 5-34 10 m 高度各月风速及风功率密度

月份	1	2	3	4	5	6	7
风速/(m/s)	3.53	3.98	4.61	4.99	5.44	4.47	4.10
风功率密度/(W/m²)	53.87	114.94	136.12	151.58	207.21	110.23	85.02
月份	8	9	10	11	12	平均	
风速/(m/s)	3.77	4.37	4.31	5.01	4.46	4.42	
风功率密度/(W/m²)	69.32	93.85	107.18	195.00	124.51	120.74	

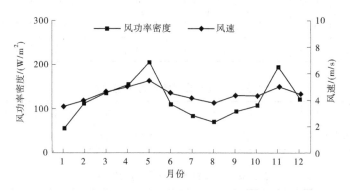

图 5-27 10 m 高度风速及风功率密度年变化

(3)2019 年气象站 10 m 高度风速频率和风能频率分布见表 5-35、图 5-28。

表 5-35 10 m 高度风速频率和风能频率分布

风速段/(m/s)	<0.1	1	2	3	4	5	6	7	8
风速频率/%	0.47	3.55	13.87	16.37	15.71	15.76	11.38	8.11	5.78
风能频率/%	0.00	0.01	0.34	1.49	3.86	8.00	10.32	12.10	13.27
风速段/(m/s)	9	10	11	12	13	14	15	>15	
风速频率/%	3.53	2.18	1.56	0.78	0.46	0.27	0.09	0.14	
风能频率/%	11.71	10.14	9.82	6.40	4.83	3.66	1.48	2.57	

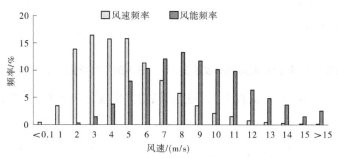

图 5-28 10 m 高度风速频率和风能频率分布直方图

5.6.2 伊克乌素气象站

伊克乌素气象站为国家基本气象站(台站号:53522),站址位置东经107.833 3°,北纬40.05°;观测场海拔高度1 180.3 m。

(1)气象站累年(2000—2019年)平均风速及风向见表5-36~表5-38、图5-29、图5-30。

表5-36　气象站累年风速年际变化

年份	2000	2001	2002	2003	2004	2005	2006	2007	2008	2009	2010
风速/(m/s)	3	3.02	2.56	2.67	3.11	2.73	3.52	3.45	3.58	3.67	3.62
年份	2011	2012	2013	2014	2015	2016	2017	2018	2019	平均风速	
风速/(m/s)	3.22	3.33	3.32	3.23	3.18	3.64	3.48	3.67	3.60	3.28	

表5-37　气象站累年逐月平均风速

月份	1	2	3	4	5	6	7	8	9	10	11	12	平均
风速/(m/s)	2.58	3.08	3.69	4.07	4.11	3.41	3.26	2.86	2.83	2.88	3.44	3.12	3.28

表5-38　气象站全年各风向频率统计

风向	NNE	NE	ENE	E	ESE	SE	SSE	S	SSW	SW	WSW	W	WNW	NW	NNW	N	C
近20年风向频率	3.1	2.94	4.21	3.57	6.39	6.14	5.6	6.08	5.22	7.33	8.55	7.92	9.11	4.43	3.32	3.22	12.31
2019年风向频率	3.5	2.83	3.41	4.16	4.75	9.16	10.25	9	9.25	7.08	6.08	7.91	6.41	5.25	4.58	4.66	0.66

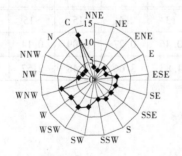
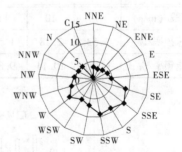

图5-29　气象站近20年全年风向频率玫瑰图　　图5-30　气象站2019年全年风向频率玫瑰图

(2)2019年气象站10 m高度各月风速及风功率密度见表5-39、图5-31。

表 5-39   10 m 高度各月风速及风功率密度

月份	1	2	3	4	5	6	7
风速/(m/s)	2.66	3.26	3.72	4.14	4.56	3.67	3.50
风功率密度/(W/m²)	27.93	89.08	80.02	95.72	135.12	64.10	53.20
月份	8	9	10	11	12	平均	
风速/(m/s)	2.89	3.53	3.56	4.14	3.61	3.60	
风功率密度/(W/m²)	37.39	53.48	72.29	133.64	86.38	77.36	

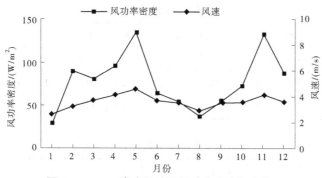

图 5-31   10 m 高度风速及风功率密度年变化

(3)2019 年气象站 10 m 高度风速频率和风能频率分布见表 5-40、图 5-32。

表 5-40   10 m 高度风速频率和风能频率分布

风速段/(m/s)	<0.1	1	2	3	4	5	6	7	8
风速频率/%	0.26	6.72	21.68	21.12	15.56	12.42	8.58	5.37	3.38
风能频率/%	0.00	0.03	0.76	2.96	5.92	9.78	12.17	12.41	12.07
风速段/(m/s)	9	10	11	12	13	14	15	>15	
风速频率/%	1.85	1.20	0.88	0.37	0.37	0.15	0.02	0.08	
风能频率/%	9.63	8.63	8.64	4.75	5.84	3.10	0.58	2.71	

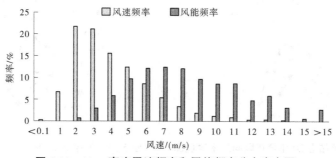

图 5-32   10 m 高度风速频率和风能频率分布直方图

5.7 乌审旗风能资源

5.7.1 乌审旗气象站

乌审旗气象站为国家基本气象站(台站号:53644),站址位置东经108.833 3°,北纬38.6°;观测场海拔高度1 461.9 m。

(1)气象站累年(2000—2019年)平均风速及风向见表5-41~表5-43、图5-33、图5-34。

表5-41 气象站累年风速年际变化

年份	2000	2001	2002	2003	2004	2005	2006	2007	2008	2009	2010
风速/(m/s)	3.02	3.12	2.87	2.69	2.58	2.7	2.88	2.6	2.72	2.81	2.91
年份	2011	2012	2013	2014	2015	2016	2017	2018	2019	平均风速	
风速/(m/s)	2.58	2.59	2.59	2.35	2.39	2.39	2.27	2.37	2.19	2.63	

表5-42 气象站累年逐月平均风速

月份	1	2	3	4	5	6	7	8	9	10	11	12	平均
风速/(m/s)	2.37	2.53	2.88	3.05	2.98	2.76	2.57	2.44	2.38	2.42	2.62	2.56	2.63

表5-43 气象站全年各风向频率统计

风向	NNE	NE	ENE	E	ESE	SE	SSE	S	SSW	SW	WSW	W	WNW	NW	NNW	N	C
近20年风向频率	3.23	5.67	3.39	2.44	2.42	3.43	6.91	13.79	9.9	5.19	4.16	10.01	9.47	5.75	6.13	4.9	2.94
2019年风向频率	3.58	7.25	3.08	2.08	2.33	2.17	6.83	10.17	12.5	7.08	4.42	7.92	8.25	4.25	6.08	5.33	5.33

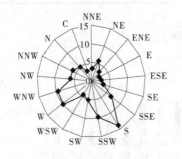

图5-33 气象站近20年全年风向频率玫瑰图　　图5-34 气象站2019年全年风向频率玫瑰图

(2)2019年气象站10 m高度各月风速及风功率密度见表5-44、图5-35。

表 5-44　10 m 高度各月风速及风功率密度

月份	1	2	3	4	5	6	7
风速/(m/s)	2.27	2.21	2.62	2.82	2.87	2.41	2.36
风功率密度/(W/m²)	16.55	16.89	28.29	27.75	33.66	18.02	17.46
月份	8	9	10	11	12	平均	
风速/(m/s)	2.43	2.27	2.26	2.45	2.31	2.44	
风功率密度/(W/m²)	15.31	16.30	16.25	23.32	15.85	20.47	

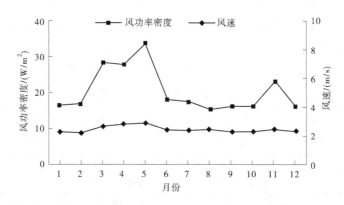

图 5-35　10 m 高度风速及风功率密度年变化

（3）2019 年气象站 10 m 高度风速频率和风能频率分布见表 5-45、图 5-36。

表 5-45　10 m 高度风速频率和风能频率分布

风速段/(m/s)	<0.1	1	2	3	4	5	6	7	8	9	10
风速频率/%	1.53	12.18	32.05	25.75	15.46	7.91	3.18	1.12	0.58	0.18	0.05
风能频率/%	0.00	0.20	4.15	13.45	21.21	22.71	16.32	9.64	7.77	3.41	1.14

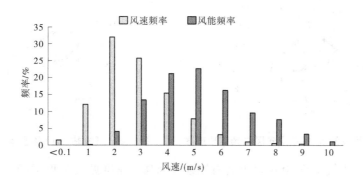

图 5-36　10 m 高度风速频率和风能频率分布直方图

5.7.2 乌审召气象站

乌审召气象站为国家基本气象站(台站号:53547),站址位置东经109.033 3°,北纬39.1°;观测场海拔高度1 312.2 m。

(1)气象站累年(2000—2019年)平均风速及风向见表5-46～表5-48、图5-37、图5-38。

表5-46 气象站累年风速年际变化

年份	2000	2001	2002	2003	2004	2005	2006	2007	2008	2009	2010
风速/(m/s)	2.78	3.14	2.42	3.17	3.52	3.13	3.29	2.61	2.74	2.58	2.85
年份	2011	2012	2013	2014	2015	2016	2017	2018	2019	平均风速	
风速/(m/s)	2.61	2.64	2.57	2.63	2.67	2.71	2.51	2.7	2.56	2.79	

表5-47 气象站累年逐月平均风速

月份	1	2	3	4	5	6	7	8	9	10	11	12	平均
风速/(m/s)	2.35	2.65	3.23	3.65	3.38	2.95	2.72	2.4	2.34	2.43	2.77	2.61	2.79

表5-48 气象站全年各风向频率统计

风向	NNE	NE	ENE	E	ESE	SE	SSE	S	SSW	SW	WSW	W	WNW	NW	NNW	N	C
近20年风向频率	2.75	2.55	2.07	2.54	3.39	6.72	9.59	7.99	4.87	4.71	4.32	6.36	8.56	10.65	8.25	6.05	8.45
2019年风向频率	3.33	2.25	2.25	2.75	3.75	6.83	10.91	8.41	5.25	5.25	4.33	5.75	8	10.75	10.25	6.25	2.91

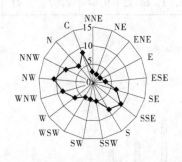

图5-37 气象站近20年全年风向频率玫瑰图　　图5-38 气象站2019年全年风向频率玫瑰图

(2)2019年气象站10 m高度各月风速及风功率密度见表5-49、图5-39。

表 5-49 10 m 高度各月风速及风功率密度

月份	1	2	3	4	5	6	7
风速/(m/s)	2.12	2.43	2.90	3.15	3.17	2.38	2.25
风功率密度/(W/m²)	14.01	29.75	42.80	42.92	50.97	20.38	16.94
月份	8	9	10	11	12	平均	
风速/(m/s)	2.33	2.37	2.38	2.79	2.48	2.56	
风功率密度/(W/m²)	17.32	17.48	19.76	38.46	24.82	27.97	

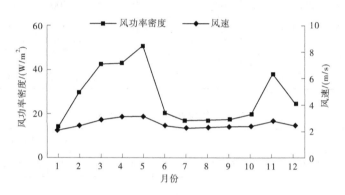

图 5-39 10 m 高度风速及风功率密度年变化

(3)2019 年气象站 10 m 高度风速频率和风能频率分布见表 5-50、图 5-40。

表 5-50 10 m 高度风速频率和风能频率分布

风速段/(m/s)	<0.1	1	2	3	4	5	6	7	8	9	10	11
风速频率/%	1.77	13.11	30.29	25.18	13.69	7.49	4.04	2.40	1.10	0.64	0.23	0.08
风能频率/%	0.00	0.14	3.03	9.50	14.10	15.88	15.61	15.28	10.78	9.05	4.48	2.14

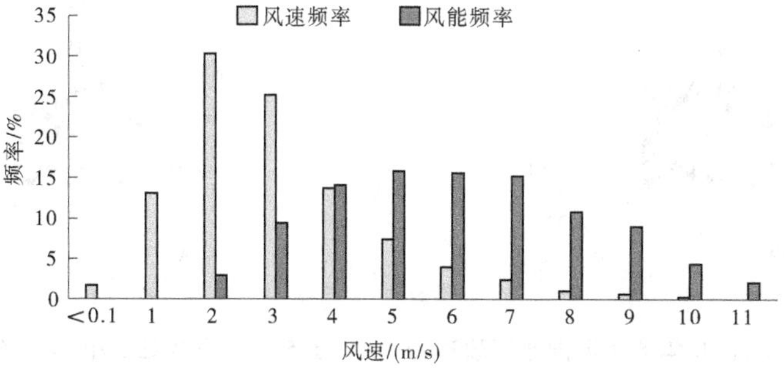

图 5-40 10 m 高度风速频率和风能频率分布直方图

5.8 伊金霍洛旗风能资源

伊金霍洛旗气象站为国家基本气象站(台站号:53545),站址位置东经109.708 3°,北纬39.56°;观测场海拔高度1 367 m。

(1)气象站累年(2000—2019年)平均风速及风向见表5-51~表5-53、图5-41、图5-42。

表5-51 气象站累年风速年际变化表

年份	2000	2001	2002	2003	2004	2005	2006	2007	2008	2009	2010
风速/(m/s)	2.3	2.63	2.35	2.2	2.25	2.06	2.27	2.01	2.1	2.28	2.45
年份	2011	2012	2013	2014	2015	2016	2017	2018	2019	平均风速	
风速/(m/s)	1.99	3.53	3.54	3.27	3.25	3.14	3.15	3.3	3.20	2.66	

表5-52 气象站累年逐月平均风速

月份	1	2	3	4	5	6	7	8	9	10	11	12	平均
风速/(m/s)	2.25	2.59	3.14	3.45	3.33	2.7	2.43	2.2	2.17	2.39	2.62	2.62	2.66

表5-53 气象站全年各风向频率统计

风向	NNE	NE	ENE	E	ESE	SE	SSE	S	SSW	SW	WSW	W	WNW	NW	NNW	N	C
近20年风向频率	3.57	3.11	2.81	3.1	2.74	4.48	5.44	6.62	3.83	4.79	5.68	9.71	10.66	9.5	5.71	6.33	11.71
2019年风向频率	3.42	2.75	3.67	3.58	3.83	4.5	6.08	6.33	3.92	4.5	4.92	9	13.58	9.08	7.17	7.42	4.83

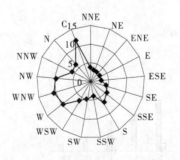

图5-41 气象站近20年全年风向频率玫瑰图　　图5-42 气象站2019年全年风向频率玫瑰图

(2)2019年气象站10 m高度各月风速及风功率密度见表5-54、图5-43。

表 5-54　10 m 高度各月风速及风功率密度

月份	1	2	3	4	5	6	7
风速/(m/s)	2.68	2.98	4.02	3.44	4.18	3.03	2.83
风功率密度/(W/m²)	28.90	60.70	101.79	64.68	118.66	45.89	35.14
月份	8	9	10	11	12	平均	
风速/(m/s)	2.98	2.59	3.23	3.43	3.07	3.20	
风功率密度/(W/m²)	40.67	31.04	52.62	91.92	47.92	59.99	

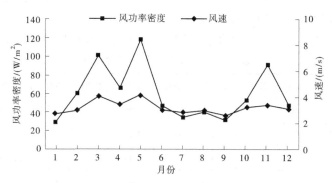

图 5-43　10 m 高度风速及风功率密度年变化

(3)2019 年气象站 10 m 高度风速和风能频率分布见表 5-55、图 5-44。

表 5-55　10 m 高度风速和风能频率分布

风速段/(m/s)	<0.1	1	2	3	4	5	6	7	8
风速频率/%	3.44	11.32	19.78	19.94	16.64	11.27	6.97	4.42	2.44
风能频率/%	0.00	0.05	0.89	3.63	8.12	11.40	12.68	13.25	11.19
风速段/(m/s)	9	10	11	12	13	14	15	>15	
风速频率/%	1.58	0.96	0.61	0.39	0.17	0.05	0.01	0.01	
风能频率/%	10.40	8.90	7.54	6.28	3.65	1.18	0.38	0.46	

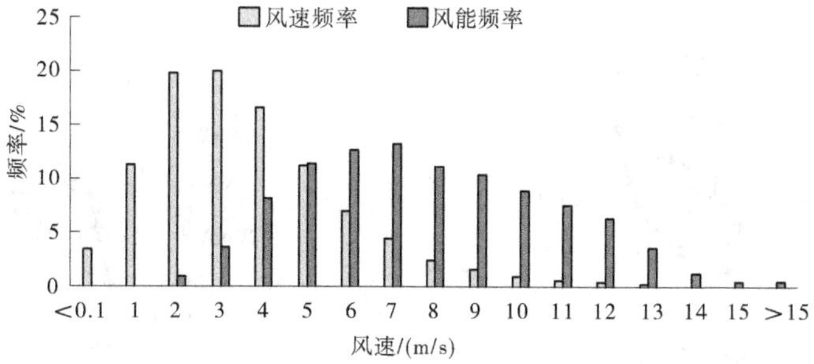

图 5-44　10 m 高度风速频率和风能频率分布直方图

6 巴彦淖尔市风能资源

6.1 临河区风能资源

临河气象站为国家基本气象站(台站号:53513),站址位置东经107.373 3°,北纬40.725 3°;观测场海拔高度1 041.1 m。

(1)气象站累年(2000—2019年)平均风速及风向见表6-1~表6-3、图6-1、图6-2。

表6-1 气象站累年风速年际变化

年份	2000	2001	2002	2003	2004	2005	2006	2007	2008	2009	2010
风速/(m/s)	1.65	1.63	1.61	1.97	2.09	1.59	1.77	1.53	1.49	1.58	2.85
年份	2011	2012	2013	2014	2015	2016	2017	2018	2019	平均风速	
风速/(m/s)	2.35	2.38	2.33	2.49	2.44	2.41	2.26	2.33	2.15	2.04	

表6-2 气象站累年逐月平均风速

月份	1	2	3	4	5	6	7	8	9	10	11	12	平均
风速/(m/s)	1.8	2.02	2.42	2.57	2.46	2.08	1.93	1.78	1.74	1.75	1.98	2	2.04

表6-3 气象站全年各风向频率统计

风向	NNE	NE	ENE	E	ESE	SE	SSE	S	SSW	SW	WSW	W	WNW	NW	NNW	N	C
近20年风向频率	4.9	5.9	11.6	7.3	5.7	4.8	4.4	3.7	4.4	6.7	7.7	6.3	5.7	3.8	3.0	4.2	9.6
2019年风向频率	3.9	5.7	15.0	10.7	8.7	5.5	3.8	3.2	3.7	6.8	11.2	5.3	4.4	4.1	2.1	3.0	2.2

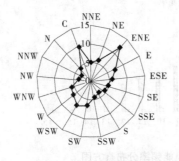 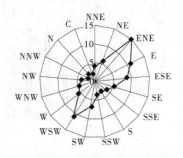

图6-1 气象站近20年全年风向频率玫瑰图　　图6-2 气象站2019年全年风向频率玫瑰图

（2）2019 年气象站 10 m 高度各月风速及风功率密度见表 6-4、图 6-3。

表 6-4　10 m 高度各月风速及风功率密度

月份	1	2	3	4	5	6	7
风速/(m/s)	2.11	2.44	2.37	2.58	2.65	2.03	1.77
风功率密度/(W/m²)	13.93	20.93	19.51	22.90	29.18	9.86	8.11
月份	8	9	10	11	12	平均	
风速/(m/s)	1.82	1.65	2.01	2.23	2.15	2.15	
风功率密度/(W/m²)	7.87	5.22	14.00	17.78	15.80	15.43	

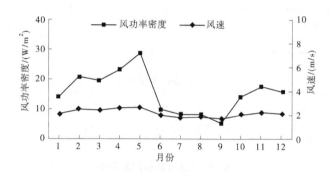

图 6-3　10 m 高度风速及风功率密度年变化

（3）2019 年气象站 10 m 高度风速频率和风能频率分布见表 6-5、图 6-4。

表 6-5　10 m 高度风速频率和风能频率分布

风速段/(m/s)	<0.1	1	2	3	4	5	6	7	8	9	10
风速频率/%	1.10	18.22	37.58	21.51	12.35	5.27	2.72	0.91	0.25	0.08	0.01
风能频率/%	0.00	0.40	6.16	14.60	22.54	20.16	18.97	10.31	4.41	2.03	0.42

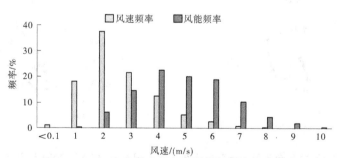

图 6-4　10 m 高度风速频率和风能频率分布直方图

6.2 五原县风能资源

五原气象站为国家基本气象站(台站号:53337),站址位置东经 108.470 8°,北纬 41.088 9°;观测场海拔高度 1 023.3 m。

(1)气象站累年(2000—2019 年)平均风速及风向见表 6-6~表 6-8、图 6-5、图 6-6。

表 6-6 气象站累年风速年际变化

年份	2000	2001	2002	2003	2004	2005	2006	2007	2008	2009	2010
风速/(m/s)	1.9	1.86	1.93	1.89	1.82	1.79	1.79	1.68	1.78	1.93	2.07
年份	2011	2012	2013	2014	2015	2016	2017	2018	2019	平均风速	
风速/(m/s)	1.93	1.93	1.93	1.72	2.36	2.36	2.19	2.37	2.27	1.97	

表 6-7 气象站累年逐月平均风速

月份	1	2	3	4	5	6	7	8	9	10	11	12	平均
风速/(m/s)	1.49	1.87	2.3	2.64	2.62	2.18	1.91	1.81	1.83	1.72	1.72	1.59	1.97

表 6-8 气象站全年各风向频率统计

风向	NNE	NE	ENE	E	ESE	SE	SSE	S	SSW	SW	WSW	W	WNW	NW	NNW	N	C
近 20 年风向频率	6.0	9.3	9.6	6.9	5.6	5.2	4.9	4.1	5.5	6.0	7.6	5.5	4.2	3.2	2.9	2.9	10.5
2019 年风向频率	5.2	13.6	8.8	6.9	6.2	6.7	8.0	5.4	4.5	6.0	6.9	5.1	3.8	3.5	2.0	2.7	3.8

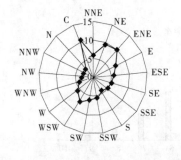

图 6-5 气象站近 20 年全年风向频率玫瑰图　　图 6-6 气象站 2019 年全年风向频率玫瑰图

(2)2019 年气象站 10 m 高度各月风速及风功率密度见表 6-9、图 6-7。

表 6-9　10 m 高度各月风速及风功率密度

月份	1	2	3	4	5	6	7
风速/(m/s)	2.03	2.45	2.56	2.72	3.37	2.31	1.98
风功率密度/(W/m²)	16.03	22.23	30.65	36.18	67.24	16.63	11.62
月份	8	9	10	11	12	平均	
风速/(m/s)	1.92	1.85	2.31	2.24	1.48	2.27	
风功率密度/(W/m²)	10.03	8.03	24.19	26.18	7.22	23.02	

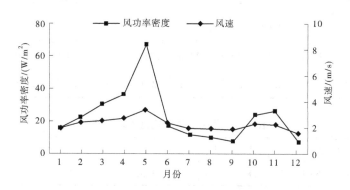

图 6-7　10 m 高度风速及风功率密度年变化

(3)2019 年气象站 10 m 高度风速频率和风能频率分布见表 6-10、图 6-8。

表 6-10　10 m 高度风速频率和风能频率分布

风速段/(m/s)	<0.1	1	2	3	4	5	6	7
风速频率/%	2.74	15.89	37.74	21.30	10.27	5.21	3.14	1.91
风能频率/%	0.00	0.25	4.11	9.64	12.34	13.69	14.64	14.88
风速段/(m/s)	8	9	10	11	12	13	14	
风速频率/%	1.00	0.45	0.21	0.10	0.02	0.01	0.01	
风能频率/%	11.94	7.63	4.97	3.47	0.98	0.61	0.86	

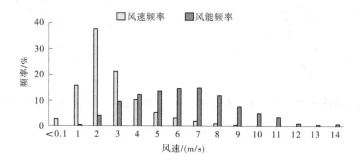

图 6-8　10 m 高度风速频率和风能频率分布直方图

6.3 磴口县风能资源

磴口气象站为国家基本气象站(台站号:53419),站址位置东经107°,北纬40.333 3°;观测场海拔高度1 055.3 m。

(1)气象站累年(2000—2019年)平均风速及风向见表6-11~表6-13、图6-9、图6-10。

表6-11 气象站累年风速年际变化

年份	2000	2001	2002	2003	2004	2005	2006	2007	2008	2009	2010
风速/(m/s)	2.62	2.77	2.68	2.82	2.67	2.46	2.64	2.31	2.57	2.59	2.66
年份	2011	2012	2013	2014	2015	2016	2017	2018	2019	平均风速	
风速/(m/s)	2.06	2.25	2.33	2.17	2.21	2.7	2.62	2.74	2.73	2.53	

表6-12 气象站累年逐月平均风速

月份	1	2	3	4	5	6	7	8	9	10	11	12	平均
风速/(m/s)	2.49	2.55	2.79	2.89	2.86	2.5	2.32	2.19	2.07	2.18	2.69	2.81	2.53

表6-13 气象站全年各风向频率统计

风向	NNE	NE	ENE	E	ESE	SE	SSE	S	SSW	SW	WSW	W	WNW	NW	NNW	N	C
近20年风向频率	4.3	10.2	10.3	7.3	2.9	2.6	2.6	2.9	7.5	14.4	10.7	8.1	5.1	2.9	1.9	2.5	3.8
2019年风向频率	4.1	11.5	13.8	7.2	2.8	2.4	2.2	2.9	8.2	12.6	10.4	7.5	4.7	2.4	1.5	2.2	2.9

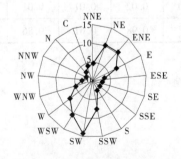

图6-9 气象站近20年全年风向频率玫瑰图　　图6-10 气象站2019年全年风向频率玫瑰图

(2)2019年气象站10 m高度各月风速及风功率密度见表6-14、图6-11。

表 6-14 10 m 高度各月风速及风功率密度

月份	1	2	3	4	5	6	7
风速/(m/s)	2.57	2.90	2.59	2.81	3.12	2.75	2.49
风功率密度/(W/m²)	22.42	37.77	24.30	28.53	47.04	25.45	17.95
月份	8	9	10	11	12	平均	
风速/(m/s)	2.47	2.21	2.74	3.09	3.00	2.73	
风功率密度/(W/m²)	17.27	15.15	30.84	54.95	35.17	29.74	

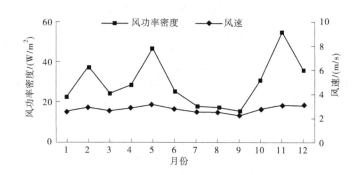

图 6-11 10 m 高度风速及风功率密度年变化

（3）2019 年气象站 10 m 高度风速频率和风能频率分布见表 6-15、图 6-12。

表 6-15 10 m 高度风速频率和风能频率分布

风速段/(m/s)	<0.1	1	2	3	4	5	6	7	8	9	10	11	12
风速频率/%	1.94	9.63	26.24	27.09	17.72	9.18	4.24	2.12	0.95	0.57	0.18	0.07	0.07
风能频率/%	0.00	0.10	2.48	9.94	16.86	18.48	15.53	12.99	8.87	7.65	3.28	1.71	2.12

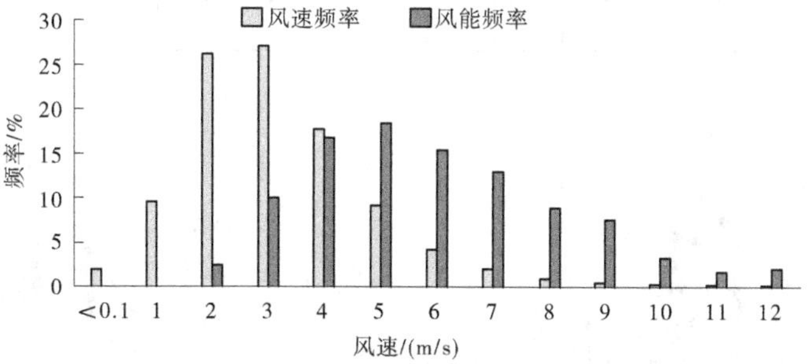

图 6-12 10 m 高度风速频率和风能频率分布直方图

6.4 乌拉特前旗风能资源

6.4.1 乌拉特前旗气象站

乌拉特前旗气象站为国家基本气象站(台站号:53433),站址位置东经108.65°,北纬40.733 3°;观测场海拔高度1 020.4 m。

(1)气象站累年(2000—2019年)平均风速及风向见表6-16~表6-18、图6-13、图6-14。

表6-16 气象站累年风速年际变化

年份	2000	2001	2002	2003	2004	2005	2006	2007	2008	2009	2010
风速/(m/s)	3.04	2.8	2.5	2.93	2.61	2.01	1.98	1.98	1.96	2.12	2.16
年份	2011	2012	2013	2014	2015	2016	2017	2018	2019	平均风速	
风速/(m/s)	1.99	2.02	1.99	1.87	1.92	2.57	2.37	2.49	2.47	2.29	

表6-17 气象站累年逐月平均风速

月份	1	2	3	4	5	6	7	8	9	10	11	12	平均
风速/(m/s)	1.82	2.07	2.46	2.81	2.81	2.55	2.39	2.25	2.21	2.08	2.1	1.88	2.29

表6-18 气象站全年各风向频率统计

风向	NNE	NE	ENE	E	ESE	SE	SSE	S	SSW	SW	WSW	W	WNW	NW	NNW	N	C
近20年风向频率	5.6	6.4	3.7	2.0	3.0	12.4	14.8	9.0	3.2	2.2	2.2	5.5	5.4	4.4	4.9	6.6	8.4
2019年风向频率	6.8	6.5	5.2	2.2	2.7	13.2	15.6	9.7	3.4	2.1	1.7	6.2	5.6	4.3	5.4	7.1	2.0

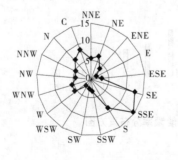

图6-13 气象站近20年全年风向频率玫瑰图　图6-14 气象站2019年全年风向频率玫瑰图

(2)2019年气象站10 m高度各月风速及风功率密度见表6-19、图6-15。

表 6-19　10 m 高度各月风速及风功率密度

月份	1	2	3	4	5	6	7
风速/(m/s)	2.14	2.23	2.46	2.78	3.04	2.75	2.56
风功率密度/(W/m²)	12.40	14.81	20.34	24.39	35.98	22.99	17.44
月份	8	9	10	11	12	平均	
风速/(m/s)	2.34	2.53	2.40	2.47	1.96	2.47	
风功率密度/(W/m²)	14.29	18.25	18.47	22.50	10.63	19.37	

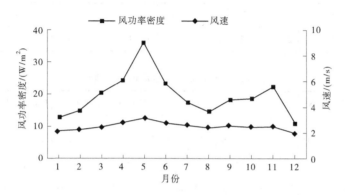

图 6-15　10 m 高度风速及风功率密度年变化

（3）2019 年气象站 10 m 高度风速频率和风能频率分布见表 6-20、图 6-16。

表 6-20　10 m 高度风速频率和风能频率分布

风速段/(m/s)	<0.1	1	2	3	4	5	6	7	8	9	10
风速频率/%	0.96	11.07	30.68	27.87	17.58	7.53	2.92	0.90	0.33	0.14	0.01
风能频率/%	0.00	0.19	4.31	15.61	25.59	22.86	15.79	7.91	4.75	2.67	0.34

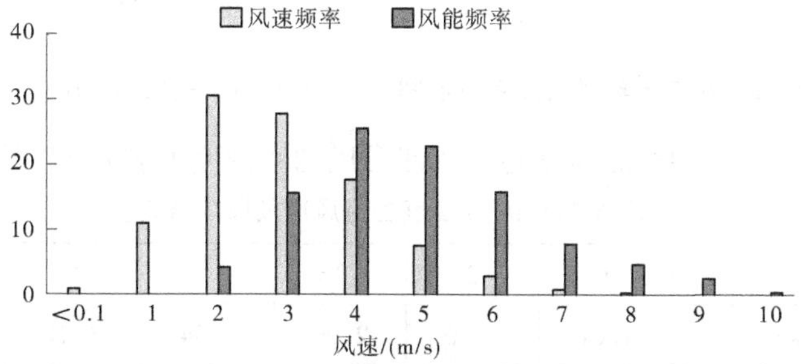

图 6-16　10 m 高度风速频率和风能频率分布直方图

6.4.2　大佘太气象站

大佘太气象站为国家基本气象站（台站号：53348），站址位置东经 109.133 3°，北纬 41.016 7°；观测场海拔高度 1 078.7 m。

（1）气象站累年（2000—2019年）平均风速及风向见表6-21～表6-23、图6-17、图6-18。

表6-21　气象站累年风速年际变化

年份	2000	2001	2002	2003	2004	2005	2006	2007	2008	2009	2010
风速/（m/s）	2.08	1.91	1.98	1.77	1.89	2	2.05	1.63	1.6	1.83	1.67
年份	2011	2012	2013	2014	2015	2016	2017	2018	2019	平均风速	
风速/（m/s）	1.53	1.59	1.48	1.42	1.32	2.01	1.95	2.1	2.0	1.79	

表6-22　气象站累年逐月平均风速

月份	1	2	3	4	5	6	7	8	9	10	11	12	平均
风速/（m/s）	1.31	1.69	2.07	2.49	2.36	2.08	1.74	1.67	1.68	1.55	1.5	1.32	1.79

表6-23　气象站全年各风向频率统计

风向	NNE	NE	ENE	E	ESE	SE	SSE	S	SSW	SW	WSW	W	WNW	NW	NNW	N	C
近20年风向频率	7.4	7.1	6.0	7.1	8.3	4.9	2.9	2.5	2.3	3.0	5.2	6.5	6.2	5.3	3.9	4.6	16.6
2019年风向频率	9.9	8.7	7.5	8.7	9.1	4.9	3.3	2.7	2.5	4.0	6.4	7.0	5.4	5.4	3.9	5.9	3.6

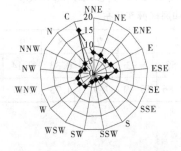

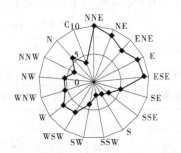

图6-17　气象站近20年全年风向频率玫瑰图　　图6-18　气象站2019年全年风向频率玫瑰图

（2）2019年气象站10 m高度各月风速及风功率密度见表6-24、图6-19。

表6-24　10 m高度各月风速及风功率密度

月份	1	2	3	4	5	6	7
风速/（m/s）	1.61	1.70	2.09	2.54	3.01	2.36	1.85
风功率密度/（W/m²）	7.18	8.61	16.27	32.19	50.72	17.14	10.00
月份	8	9	10	11	12	平均	
风速/（m/s）	1.87	1.88	1.92	1.73	1.43	2.00	
风功率密度/（W/m²）	9.47	8.45	13.15	9.81	4.15	15.59	

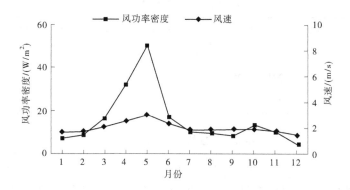

图 6-19　10 m 高度风速及风功率密度年变化图

（3）2019 年气象站 10 m 高度风速频率和风能频率分布见表 6-25、图 6-20。

表 6-25　10 m 高度风速频率和风能频率分布

风速段/(m/s)	<0.1	1	2	3	4	5	6	7
风速频率/%	1.40	19.83	43.90	17.89	9.06	4.10	2.15	0.92
风能频率/%	0.00	0.43	6.92	11.70	16.43	15.38	14.70	10.65
风速段/(m/s)	8	9	10	11	12	13	14	
风速频率/%	0.34	0.15	0.09	0.05	0.08	0.02	0.01	
风能频率/%	6.05	3.90	3.54	2.19	5.25	1.76	1.11	

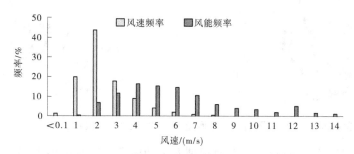

图 6-20　10 m 高度风速频率和风能频率分布直方图

6.5　乌拉特后旗风能资源

6.5.1　乌拉特后旗气象站

乌拉特后旗气象站为国家基本气象站（台站号：53324），站址位置东经 107.05°，北纬 41.066 7°；观测场海拔高度 1 035.3 m。

（1）气象站累年（2000—2019 年）平均风速及风向见表 6-26 ~ 表 6-28、图 6-21、图 6-22。

表 6-26　气象站累年风速年际变化

年份	2000	2001	2002	2003	2004	2005	2006	2007	2008	2009	2010
风速/(m/s)	5.42	5.69	5.61	5.17	5.42	5.08	5.4	2.27	2.22	2.19	2.28
年份	2011	2012	2013	2014	2015	2016	2017	2018	2019	平均风速	
风速/(m/s)	2.02	2.08	2.05	2.15	2.25	2.28	2.22	2.36	2.37	3.33	

表 6-27　气象站累年逐月平均风速

月份	1	2	3	4	5	6	7	8	9	10	11	12	平均
风速/(m/s)	3.08	3.21	3.86	4.24	3.87	3.23	2.96	2.74	2.72	3.09	3.52	3.39	3.33

表 6-28　气象站全年各风向频率统计

风向	NNE	NE	ENE	E	ESE	SE	SSE	S	SSW	SW	WSW	W	WNW	NW	NNW	N	C
近20年风向频率	5.0	11.0	9.4	3.9	3.4	3.7	4.5	4.3	5.9	9.0	10.1	5.9	4.8	4.9	4.2	3.6	5.8
2019年风向频率	5.2	15.6	18.1	6.2	3.4	2.2	3.2	5.8	8.0	6.7	4.2	3.3	3.0	3.6	4.0	4.4	2.6

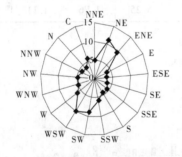

图 6-21　气象站近 20 年全年风向频率玫瑰图　　图 6-22　气象站 2019 年全年风向频率玫瑰图

（2）2019 年气象站 10 m 高度各月风速及风功率密度见表 6-29、图 6-23。

表 6-29　10 m 高度各月风速及风功率密度

月份	1	2	3	4	5	6	7
风速/(m/s)	1.79	2.17	2.67	2.76	3.32	2.59	2.43
风功率密度/(W/m²)	13.21	22.70	36.20	35.22	68.40	29.78	30.65
月份	8	9	10	11	12	平均	
风速/(m/s)	2.12	1.96	2.25	2.37	1.98	2.37	
风功率密度/(W/m²)	14.71	10.31	20.13	25.83	16.60	26.98	

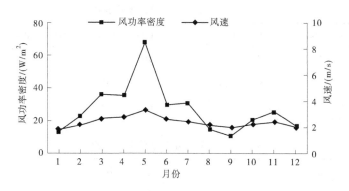

图 6-23　10 m 高度风速及风功率密度年变化

（3）2019 年气象站 10 m 高度风速频率和风能频率分布见表 6-30、图 6-24。

表 6-30　10 m 高度风速频率和风能频率分布

风速段/(m/s)	<0.1	1	2	3	4	5	6	7	8
风速频率/%	1.39	18.49	32.21	23.09	11.42	5.62	3.50	1.97	1.15
风能频率/%	0.00	0.22	3.03	9.01	11.60	12.23	14.14	13.00	11.48

风速段/(m/s)	9	10	11	12	13	14	15	>15
风速频率/%	0.58	0.29	0.14	0.05	0.06	0.00	0.02	0.01
风能频率/%	8.53	5.88	3.74	1.51	2.80	0.00	1.67	1.16

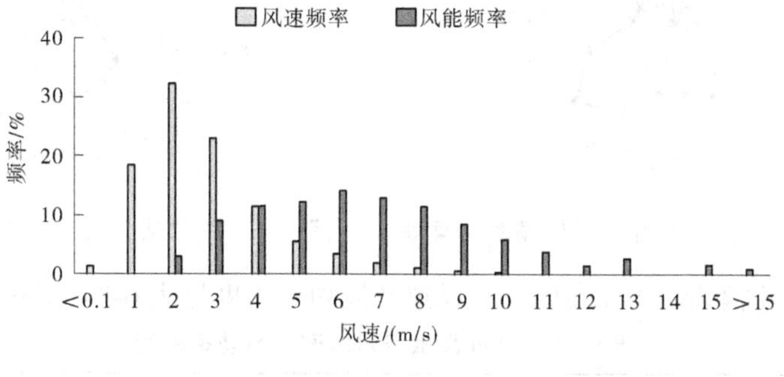

图 6-24　10 m 高度风速频率和风能频率分布直方图

6.5.2　乌拉特后旗海力素气象站

海力素气象站为国家基本气象站（台站号：53231），站址位置东经 106.4°，北纬 41.4°；观测场海拔高度 1 535.3 m。

（1）气象站累年（2000—2019 年）平均风速及风向见表 6-31～表 6-33、图 6-25、图 6-26。

表 6-31 气象站累年风速年际变化

年份	2000	2001	2002	2003	2004	2005	2006	2007	2008	2009	2010
风速/(m/s)	5.71	6.12	5.3	5.2	5.6	5.02	5.16	5.03	5	5.22	5.28
年份	2011	2012	2013	2014	2015	2016	2017	2018	2019	平均风速	
风速/(m/s)	4.77	4.82	4.88	5.28	5.29	5.3	5.22	5.43	5.33	5.25	

表 6-32 气象站累年逐月平均风速

月份	1	2	3	4	5	6	7	8	9	10	11	12	平均
风速/(m/s)	5.07	5.11	5.44	5.75	5.93	5.31	5.1	4.76	4.79	4.95	5.39	5.34	5.25

表 6-33 气象站全年各风向频率统计

风向	NNE	NE	ENE	E	ESE	SE	SSE	S	SSW	SW	WSW	W	WNW	NW	NNW	N	C
近20年风向频率	3.5	5.2	5.0	3.9	4.8	9.8	13.8	11.1	7.9	8.3	9.1	6.5	3.2	2.2	1.9	2.6	0.7
2019年风向频率	2.8	5.3	5.4	4.9	4.3	9.1	11.2	13.3	7.3	9.3	8.5	8.0	3.8	2.0	1.8	2.3	0.0

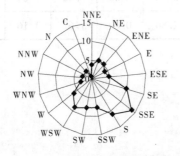

图 6-25 气象站近 20 年全年风向频率玫瑰图   图 6-26 气象站 2019 年全年风向频率玫瑰图

（2）2019 年气象站 10 m 高度各月风速及风功率密度见表 6-34、图 6-27。

表 6-34 10 m 高度各月风速及风功率密度

月份	1	2	3	4	5	6	7
风速/(m/s)	4.79	4.88	5.01	5.43	5.90	5.84	5.30
风功率密度/(W/m²)	109.89	132.76	112.31	164.02	226.20	190.66	149.56
月份	8	9	10	11	12	平均	
风速/(m/s)	4.76	5.35	5.67	5.58	5.45	5.33	
风功率密度/(W/m²)	108.92	149.36	205.14	187.15	145.65	156.80	

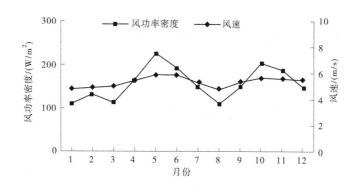

图 6-27 10 m 高度风速及风功率密度年变化

（3）2019年气象站10 m高度风速频率和风能频率分布见表6-35、图6-28。

表 6-35 10 m 高度风速频率和风能频率分布

风速段/(m/s)	<0.1	1	2	3	4	5	6	7	8
风速频率/%	0.00	0.70	4.57	8.92	14.50	20.48	19.28	12.57	7.61
风能频率/%	0.00	0.00	0.09	0.67	2.81	8.16	13.37	14.41	13.36
风速段/(m/s)	9	10	11	12	13	14	15	>15	
风速频率/%	4.67	2.88	1.96	0.97	0.42	0.30	0.07	0.11	
风能频率/%	11.97	10.25	9.36	6.25	3.44	2.96	0.85	2.05	

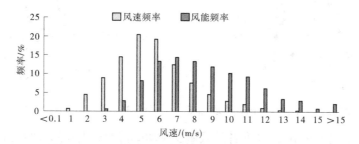

图 6-28 10 m 高度风速频率和风能频率分布直方图

6.6 乌拉特中旗风能资源

乌拉特中旗气象站为国家基本气象站（台站号:53336），站址位置东经108.516 7°,北纬41.566 7°;观测场海拔高度1 288 m。

（1）气象站累年（2000—2019 年）平均风速及风向见表 6-36 ~ 表 6-38、图 6-29、图 6-30。

表 6-36　气象站累年风速年际变化

年份	2000	2001	2002	2003	2004	2005	2006	2007	2008	2009	2010
风速/（m/s）	2.81	2.8	2.53	2.7	2.76	2.81	2.77	2.65	2.69	2.78	2.86
年份	2011	2012	2013	2014	2015	2016	2017	2018	2019	平均风速	
风速/（m/s）	2.67	2.57	2.62	2.54	2.56	2.61	2.53	2.65	2.47	2.67	

表 6-37　气象站累年逐月平均风速

月份	1	2	3	4	5	6	7	8	9	10	11	12	平均
风速/（m/s）	2.2	2.43	2.97	3.51	3.53	3.02	2.69	2.4	2.31	2.39	2.31	2.25	2.67

表 6-38　气象站全年各风向频率统计

风向	NNE	NE	ENE	E	ESE	SE	SSE	S	SSW	SW	WSW	W	WNW	NW	NNW	N	C
近 20 年风向频率	8.3	8.5	5.1	2.9	2.5	3.3	5.3	8.7	6.3	3.6	3.2	4.4	7.6	7.8	6.3	6.9	8.8
2019 年风向频率	9.3	7.3	8.2	4.4	3.3	3.2	5.8	11.2	6.9	3.0	4.0	4.6	7.1	5.4	5.3	7.1	3.2

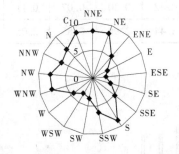
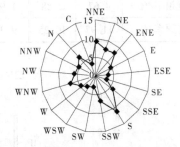

图 6-29　气象站近 20 年全年风向频率玫瑰图　　　图 6-30　气象站 2019 年全年风向频率玫瑰图

（2）2019 年气象站 10 m 高度各月风速及风功率密度见表 6-39、图 6-31。

表 6-39　10 m 高度各月风速及风功率密度

月份	1	2	3	4	5	6	7
风速/（m/s）	2.10	2.35	2.74	2.75	3.48	2.79	2.59
风功率密度/（W/m²）	18.22	29.54	39.09	33.89	63.35	28.25	28.34
月份	8	9	10	11	12	平均	
风速/（m/s）	2.35	2.12	2.37	2.30	1.69	2.47	
风功率密度/（W/m²）	19.73	17.13	26.75	30.45	12.35	28.92	

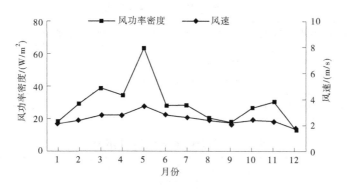

图 6-31　10 m 高度风速及风功率密度年变化

（3）2019 年气象站 10 m 高度风速频率和风能频率分布见表 6-40、图 6-32。

表 6-40　10 m 高度风速频率和风能频率分布

风速段/(m/s)	<0.1	1	2	3	4	5	6
风速频率/%	1.64	20.55	29.19	18.20	12.32	8.47	4.94
风能频率/%	0.00	0.20	2.52	6.73	12.24	17.67	18.25
风速段/(m/s)	7	8	9	10	11	12	
风速频率/%	2.34	1.52	0.58	0.18	0.03	0.03	
风能频率/%	14.32	14.40	8.05	3.51	0.91	1.20	

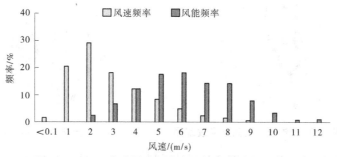

图 6-32　10 m 高度风速频率和风能频率分布直方图

6.7　杭锦后旗风能资源

杭锦后旗气象站为国家基本气象站（台站号：53420），站址位置东经 107.116 7°，北纬 40.85°；观测场海拔高度 1 024 m。

（1）气象站累年（2000—2019 年）平均风速及风向见表 6-41 ~ 表 6-43、图 6-33、图 6-34。

表 6-41　气象站累年风速年际变化

年份	2000	2001	2002	2003	2004	2005	2006	2007	2008	2009	2010
风速/(m/s)	1.75	2.07	1.91	1.73	1.96	2.03	2.18	1.88	2.04	2.13	2.33
年份	2011	2012	2013	2014	2015	2016	2017	2018	2019	平均风速	
风速/(m/s)	2.04	1.99	1.96	2.27	2.33	2.36	2.37	2.59	2.65	2.13	

表 6-42　气象站累年逐月平均风速

月份	1	2	3	4	5	6	7	8	9	10	11	12	平均
风速/(m/s)	1.77	2.18	2.65	2.84	2.56	2.05	1.84	1.76	1.74	1.83	2.17	2.12	2.13

表 6-43　气象站全年各风向频率统计

风向	NNE	NE	ENE	E	ESE	SE	SSE	S	SSW	SW	WSW	W	WNW	NW	NNW	N	C
近20年风向频率	9.6	12.2	8.1	4.8	3.7	3.7	3.5	3.7	5.7	8.4	7.2	5.5	3.5	2.5	2.4	4.6	10.7
2019年风向频率	7.4	15.9	11.9	6.2	4.3	5.3	3.7	2.8	5.1	9.9	7.4	5.4	3.5	2.2	2.3	4.2	1.5

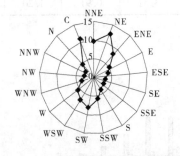

图 6-33　气象站近 20 年全年风向频率玫瑰图　　图 6-34　气象站 2019 年全年风向频率玫瑰图

（2）2019 年气象站 10 m 高度各月风速及风功率密度见表 6-44、图 6-35。

表 6-44　10 m 高度各月风速及风功率密度

月份	1	2	3	4	5	6	7
风速/(m/s)	2.37	2.77	2.76	2.98	3.31	2.67	2.34
风功率密度/(W/m²)	23.24	33.64	28.88	35.74	51.82	22.38	16.10
月份	8	9	10	11	12	平均	
风速/(m/s)	2.36	2.24	2.58	2.87	2.50	2.65	
风功率密度/(W/m²)	16.70	13.50	29.95	36.16	25.39	27.79	

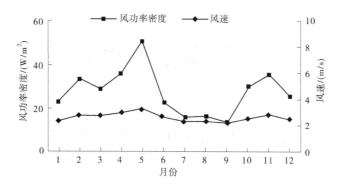

图 6-35　10 m 高度风速及风功率密度年变化

（3）2019 年气象站 10 m 高度风速频率和风能频率分布见表 6-45、图 6-36。

表 6-45　10 m 高度风速频率和风能频率分布

风速段/（m/s）	<0.1	1	2	3	4	5	6
风速频率/%	0.95	10.94	30.91	24.38	15.95	8.37	4.39
风能频率/%	0.00	0.14	2.96	9.25	16.33	18.00	17.21

风速段/（m/s）	7	8	9	10	11	12
风速频率/%	2.27	1.21	0.50	0.10	0.01	0.01
风能频率/%	14.53	11.88	7.02	2.02	0.27	0.38

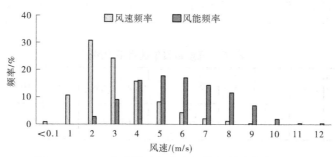

图 6-36　10 m 高度风速频率和风能频率分布直方图

7 阿拉善盟风能资源

7.1 阿拉善左旗风能资源

7.1.1 阿拉善左旗气象站

阿拉善左旗气象站为国家基本气象站（台站号：53602），站址位置东经 105.666 7°，北纬 38.833 3°；观测场海拔高度 1 561.4 m。

（1）气象站累年（2000—2019 年）平均风速及风向见表 7-1～表 7-3、图 7-1、图 7-2。

表 7-1　气象站累年风速年际变化

年份	2000	2001	2002	2003	2004	2005	2006	2007	2008	2009	2010
风速/（m/s）	3.02	2.59	2.78	2.91	2.92	2.12	1.93	1.89	1.87	2.07	2.12
年份	2011	2012	2013	2014	2015	2016	2017	2018	2019	平均风速	
风速/（m/s）	1.82	1.57	1.67	2.03	2.03	2.05	1.99	2.08	2.02	2.17	

表 7-2　气象站累年逐月平均风速

月份	1	2	3	4	5	6	7	8	9	10	11	12	平均
风速/（m/s）	1.63	1.93	2.20	2.49	2.66	2.58	2.61	2.36	2.17	1.95	1.86	1.65	2.17

表 7-3　气象站全年风向频率统计

风向	NNE	NE	ENE	E	ESE	SE	SSE	S	SSW	SW	WSW	W	WNW	NW	NNW	N	C
近 20 年风向频率	2.4	3.0	4.6	11.2	10.2	4.9	2.8	2.4	2.4	3.9	6.2	16.2	11.4	7.0	4.1	2.5	4.6
2019 年风向频率	2.67	2.92	6	16.17	9.17	3.42	2.33	2.08	2.25	3.92	7	17.5	9.25	6	3.75	2.58	1.25

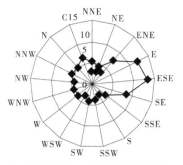

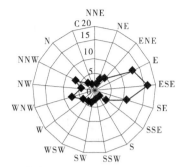

图 7-1　气象站近 20 年全年风向频率玫瑰图　　图 7-2　气象站 2019 年全年风向频率玫瑰图

（2）2019 年气象站 10 m 高度各月风速及风功率密度见表 7-4、图 7-3。

表 7-4　10 m 高度各月风速及风功率密度

月份	1	2	3	4	5	6	7
风速/(m/s)	1.55	1.74	2.07	2.32	2.46	2.31	2.28
风功率密度/(W/m²)	4.56	5.51	9.45	15.01	17.51	16.26	15.43
月份	8	9	10	11	12	平均	
风速/(m/s)	2.15	2.37	1.73	1.73	1.49	2.02	
风功率密度/(W/m²)	13.00	20.85	6.12	6.57	3.71	11.16	

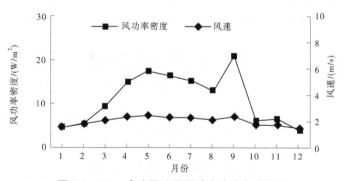

图 7-3　10 m 高度风速及风功率密度年变化图

（3）2019 年气象站 10 m 高度风速频率和风能频率分布见表 7-5、图 7-4。

表 7-5　10 m 高度风速频率和风能频率分布

风速段（m/s）	<0.1	1	2	3	4	5	6	7	8	9	10
风速频率/%	1.15	12.90	46.16	26.44	8.13	3.17	1.26	0.49	0.25	0.01	0.03
风能频率/%	0.00	0.42	11.04	23.91	19.54	17.07	12.04	7.96	5.97	0.41	1.65

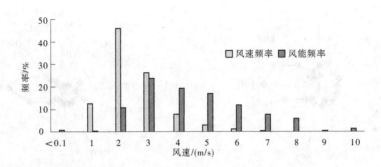

图 7-4　10 m 高度风速频率和风能频率分布直方图

7.1.2　阿拉善左旗巴彦诺尔公气象站

巴彦诺尔公气象站为国家基本气象站(台站号:52495),站址位置东经 104.8°,北纬 40.166 7°;观测场海拔高度 1 323.9 m。

(1)气象站累年(2000—2019 年)平均风速及风向见表 7-6~表 7-8、图 7-5、图 7-6。

表 7-6　气象站累年风速年际变化

年份	2000	2001	2002	2003	2004	2005	2006	2007	2008	2009	2010
风速/(m/s)	3.17	3.3	3.56	3.22	3.08	3.48	3.77	3.65	3.7	3.69	4.11

年份	2011	2012	2013	2014	2015	2016	2017	2018	2019	平均风速	
风速/(m/s)	3.34	3.24	3.61	3.32	3.49	3.49	3.27	3.53	3.43	3.47	

表 7-7　气象站累年逐月平均风速

月份	1	2	3	4	5	6	7	8	9	10	11	12	平均
风速/(m/s)	2.64	3.15	3.77	4.30	4.44	4.01	3.79	3.36	3.06	2.97	3.20	2.95	3.47

表 7-8　气象站全年风向频率统计

风向	NNE	NE	ENE	E	ESE	SE	SSE	S	SSW	SW	WSW	W	WNW	NW	NNW	N	C
近20年风向频率	5.6	5.8	5.9	9.6	7.1	3.8	2.6	3.0	3.2	4.1	5.8	9.2	9.1	7.8	5.0	5.6	6.9
2019年风向频率	5.92	5.92	5.75	9.17	11.42	4.5	2.42	2.5	3.58	4.42	5.75	8	8.92	7.42	4.42	5.33	3.42

(2)2019 年气象站 10 m 高度各月风速及风功率密度见表 7-9、图 7-7。

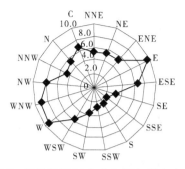

图 7-5 气象站近 20 年全年风向频率玫瑰图

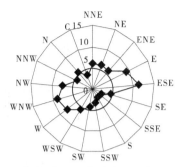

图 7-6 气象站 2019 年全年风向频率玫瑰图

表 7-9 10 m 高度各月风速及风功率密度

月份	1	2	3	4	5	6	7
风速/(m/s)	2.45	3.07	3.31	4.02	4.53	4.11	3.59
风功率密度/(W/m²)	24.58	59.23	76.63	110.42	160.18	99.20	70.25
月份	8	9	10	11	12	平均	
风速/(m/s)	3.35	2.88	3.51	3.54	2.83	3.43	
风功率密度/(W/m²)	57.82	42.55	84.49	94.37	44.50	77.02	

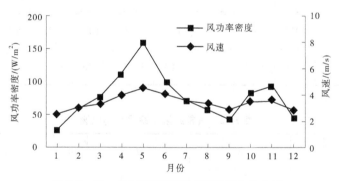

图 7-7 10 m 高度风速及风功率密度年变化图

(3)2019 年气象站 10 m 高度风速频率和风能频率分布见表 7-10、图 7-8。

表 7-10 10 m 高度风速频率和风能频率分布

风速段/(m/s)	<0.1	1	2	3	4	5	6	7	8
风速频率/%	1.94	12.81	22.04	15.61	13.47	10.98	8.20	5.50	3.96
风能频率/%	0.00	0.05	0.72	2.18	5.06	8.61	11.69	12.89	14.05
风速段/(m/s)	9	10	11	12	13	14	15	>15	
风速频率/%	2.35	1.52	0.68	0.51	0.24	0.11	0.05	0.02	
风能频率/%	12.28	10.93	6.73	6.68	3.96	2.32	1.14		

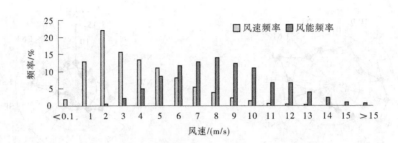

图 7-8　10 m 高度风速频率和风能频率分布直方图

7.1.3　阿拉善左旗乌斯太气象站

乌斯太气象站为国家基本气象站（台站号：52607），站址位置东经 106.65°，北纬 39.433 3°；观测场海拔高度 1 252.6 m。

（1）气象站累年（2000—2019 年）平均风速及风向见表 7-11～表 7-13、图 7-9、图 7-10。

表 7-11　气象站累年风速年际变化

年份	2000	2001	2002	2003	2004	2005	2006	2007	2008	2009	2010
风速/（m/s）	3.57	3.47	3.03	3.4	3.45	3.35	2.94	3.13	3.43	3.52	3.43

年份	2011	2012	2013	2014	2015	2016	2017	2018	2019	平均风速	
风速/（m/s）	3.47	3.38	3.31	3.09	3.07	3.71	3.58	3.75	3.65	3.38	

表 7-12　气象站累年逐月平均风速

月份	1	2	3	4	5	6	7	8	9	10	11	12	平均
风速/（m/s）	2.75	3.18	3.59	3.95	3.90	3.63	3.65	3.42	3.25	3.03	3.06	3.20	3.38

表 7-13　气象站全年风向频率统计

风向	NNE	NE	ENE	E	ESE	SE	SSE	S	SSW	SW	WSW	W	WNW	NW	NNW	N	C
近 20 年风向频率	2.0	1.5	1.9	3.4	7.8	12.5	12.7	5.9	2.7	2.5	3.4	8.0	9.4	9.1	5.4	3.6	7.5
2019 年风向频率	1.75	0.92	0.42	0.75	1.67	7.58	21.33	12.67	4.17	2.5	3.25	7.75	10.67	11.08	6.92	4.58	0.58

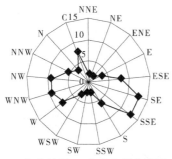

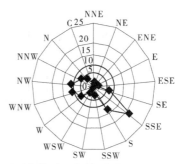

图 7-9　气象站近 20 年全年风向频率玫瑰图　　图 7-10　气象站 2019 年全年风向频率玫瑰图

（2）2019 年气象站 10 m 高度各月风速及风功率密度见表 7-14、图 7-11。

表 7-14　10 m 高度各月风速及风功率密度

月份	1	2	3	4	5	6	7
风速/m/s	3.06	3.66	3.77	4.01	3.95	3.63	3.51
风功率密度/(W/m^2)	30.37	105.89	95.78	72.18	75.43	53.34	49.97
月份	8	9	10	11	12	平均	
风速/(m/s)	3.49	3.78	3.38	3.93	3.69	3.66	
风功率密度/(W/m^2)	45.47	63.01	54.57	79.96	96.14	68.51	

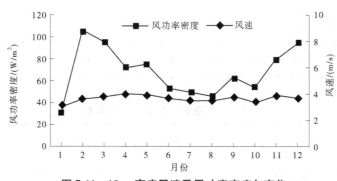

图 7-11　10 m 高度风速及风功率密度年变化

（3）2019 年气象站 10 m 高度风速频率和风能频率分布见表 7-15、图 7-12。

表 7-15　10 m 高度风速频率和风能频率分布

风速段/(m/s)	<0.1	1	2	3	4	5	6
风速频率/%	0.29	4.11	17.27	20.92	20.05	15.74	10.43
风能频率/%	0.00	0.02	0.83	3.92	9.86	16.05	19.12
风速段/(m/s)	7	8	9	10	11	12	13
风速频率/%	5.98	2.89	1.31	0.75	0.22	0.02	0.01
风能频率/%	17.96	13.15	8.66	6.98	2.78	0.37	0.32

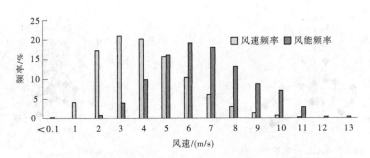

图 7-12   10 m 高度风速频率和风能频率分布直方图

7.1.4   阿拉善左旗吉兰泰气象站

吉兰泰气象站为国家基本气象站(台站号:53502),站址位置东经 105.75°,北纬 39.783 3°;观测场海拔高度 1 031.8 m。

(1)气象站累年(2000—2019 年)平均风速及风向见表 7-16 ~ 表 7-18、图 7-13、图 7-14。

表 7-16   气象站累年风速年际变化

年份	2000	2001	2002	2003	2004	2005	2006	2007	2008	2009	2010
风速/(m/s)	2.83	2.99	2.71	2.9	2.79	2.78	3.03	2.75	2.97	2.94	3.15
年份	2011	2012	2013	2014	2015	2016	2017	2018	2019	平均风速	
风速/(m/s)	2.77	2.88	3.12	3.26	3.54	3.38	3.39	3.59	3.51	3.06	

表 7-17   气象站累年逐月平均风速

月份	1	2	3	4	5	6	7	8	9	10	11	12	平均
风速/(m/s)	2.55	2.88	3.30	3.62	3.54	3.34	3.25	3.15	2.74	2.68	2.89	2.80	3.06

表 7-18   气象站全年风向频率统计

风向	NNE	NE	ENE	E	ESE	SE	SSE	S	SSW	SW	WSW	W	WNW	NW	NNW	N	C
近 20 年风向频率	9.48	9.88	6.43	3.55	3.35	2.88	2.14	3.1	10.65	12.16	5.7	3.82	5.26	5.15	4.46	7.29	4.8
2019 年风向频率	11.5	12.08	7.58	4.08	3.08	2.66	2.08	2.41	8.33	13.66	6.91	3.66	4.25	4.75	4.08	7.41	0.25

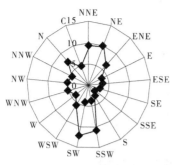

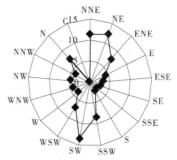

图 7-13　气象站近 20 年全年风向频率玫瑰图　　　图 7-14　气象站 2019 年全年风向频率玫瑰图

（2）2019 年气象站 10 m 高度各月风速及风功率密度见表 7-19、图 7-15。

表 7-19　10 m 高度各月风速及风功率密度

月份	1	2	3	4	5	6	7
风速/(m/s)	2.70	3.52	3.33	3.99	4.15	3.71	3.51
风功率密度/(W/m²)	24.37	61.65	52.87	86.42	112.87	67.67	53.63
月份	8	9	10	11	12	平均	
风速/(m/s)	3.85	2.97	3.44	3.75	3.17	3.51	
风功率密度/(W/m²)	62.36	43.47	58.96	79.26	40.08	61.97	

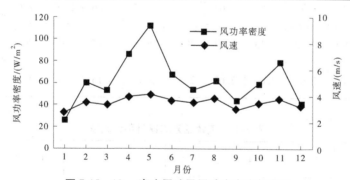

图 7-15　10 m 高度风速及风功率密度年变化

（3）2019 年气象站 10 m 高度风速频率和风能频率分布见表 7-20、图 7-16。

表 7-20　10 m 高度风速频率和风能频率分布

风速段/(m/s)	<0.1	1	2	3	4	5	6	7	8
风速频率/%	0.16	4.50	20.70	24.97	18.55	11.58	7.90	4.93	3.17
风能频率/%	0.00	0.03	0.97	4.43	8.55	11.33	13.99	14.35	14.17
风速段/(m/s)	9	10	11	12	13	14	15	>15	
风速频率/%	1.78	0.98	0.47	0.22	0.05	0.02	0.02	0.01	
风能频率/%	11.50	8.93	5.67	3.46	0.88	0.61	0.73	0.43	

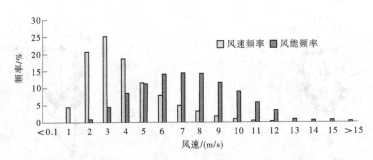

图 7-16 10 m 高度风速频率和风能频率分布直方图

7.1.5 阿拉善左旗孪井滩气象站

孪井滩气象站为国家基本气象站(台站号:53505),站址位置东经 105.4°,北纬 37.883 3°;观测场海拔高度 1 380.7 m。

(1)气象站累年(2000—2019 年)平均风速及风向见表 7-21 ~ 表 7-23、图 7-17、图 7-18。

表 7-21 气象站累年风速年际变化

年份	2000	2001	2002	2003	2004	2005	2006	2007	2008	2009	2010
风速/(m/s)	3.81	3.76	2.92	3.01	2.92	2.75	2.86	2.67	2.62	2.82	3.08

年份	2011	2012	2013	2014	2015	2016	2017	2018	2019	平均风速	
风速/(m/s)	2.82	2.69	2.66	2.62	2.81	3.17	3.13	3.18	3.17	2.97	

表 7-22 气象站累年逐月平均风速

月份	1	2	3	4	5	6	7	8	9	10	11	12	平均
风速/(m/s)	2.31	2.69	3.26	3.54	3.64	3.45	3.32	3.03	2.79	2.5	2.53	2.55	2.97

表 7-23 气象站全年风向频率统计

风向	NNE	NE	ENE	E	ESE	SE	SSE	S	SSW	SW	WSW	W	WNW	NW	NNW	N	C
近 20 年风向频率	2.7	2.5	4.2	9.7	8.6	8.9	10.0	6.1	3.0	2.5	2.8	4.7	7.8	8.5	4.1	3.2	10.7
2019 年风向频率	1.3	1.5	5.3	15.8	11.0	10.2	9.5	5.3	2.7	2.1	2.2	5.7	8.9	8.6	4.2	2.2	2.7

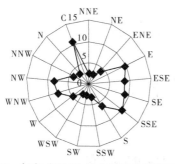 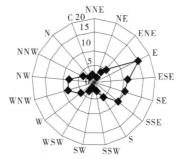

图 7-17　气象站近 20 年全年风向频率玫瑰图　　　图 7-18　气象站 2019 年全年风向频率玫瑰图

（2）2019 年气象站 10 m 高度各月风速及风功率密度见表 7-24、图 7-19。

表 7-24　10 m 高度各月风速及风功率密度

月份	1	2	3	4	5	6	7
风速/(m/s)	2.43	3.08	3.24	3.79	3.89	3.22	3.08
风功率密度/(W/m²)	22.84	47.57	52.27	77.58	74.38	36.83	35.04
月份	8	9	10	11	12	平均	
风速/(m/s)	3.29	3.39	2.92	3.16	2.61	3.17	
风功率密度/(W/m²)	44.52	48.94	39.51	49.84	31.88	46.77	

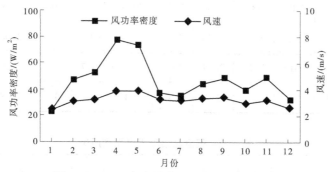

图 7-19　10 m 高度风速及风功率密度年变化

（3）2019 年气象站 10 m 高度风速频率和风能频率分布见表 7-25、图 7-20。

表 7-25　10 m 高度风速频率和风能频率分布

风速段/(m/s)	<0.1	1	2	3	4	5	6	7
风速频率/%	1.53	9.29	21.20	22.19	17.18	11.83	8.11	4.79
风能频率/%	0.00	0.06	1.24	5.18	10.47	15.34	18.84	18.49
风速段/(m/s)	8	9	10	11	12	13	14	
风速频率/%	2.43	0.79	0.41	0.14	0.09	0.01	0.01	
风能频率/%	14.16	6.66	4.79	2.15	1.93	0.30	0.36	

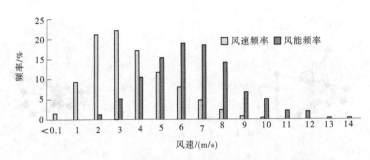

图 7-20　10 m 高度风速频率和风能频率分布直方图

7.2　阿拉善右旗风能资源

7.2.1　阿拉善右旗气象站

阿拉善右旗气象站为国家基本气象站(台站号:52576),站址位置东经 101.683 3°,北纬 39.217 6°;观测场海拔高度 1 510.1 m。

(1)气象站累年(2000—2019 年)平均风速及风向见表 7-26～表 7-28、图 7-21、图 7-22。

表 7-26　气象站累年风速年际变化

年份	2000	2001	2002	2003	2004	2005	2006	2007	2008	2009	2010
风速/(m/s)	3.3	3.2	2.96	3.28	3.39	3.18	3.09	3.19	3.06	3.27	3.3

年份	2011	2012	2013	2014	2015	2016	2017	2018	2019	平均风速	
风速/(m/s)	3.3	3.0	3.2	3.3	3.4	3.4	3.3	3.4	3.48	3.2	

表 7-27　气象站累年逐月平均风速

月份	1	2	3	4	5	6	7	8	9	10	11	12	平均
风速/(m/s)	2.6	3.0	3.4	3.7	3.6	3.6	3.8	3.8	3.3	2.9	2.7	2.7	3.2

表 7-28　气象站全年风向频率统计

风向	NNE	NE	ENE	E	ESE	SE	SSE	S	SSW	SW	WSW	W	WNW	NW	NNW	N	C
近20年风向频率	5.2	6.6	4.8	3.2	9.3	16.3	3.9	2.2	1.8	2.0	1.9	3.7	10.7	10.2	6.5	5.0	6.8
2019年风向频率	4.8	5.8	5.0	3.2	8.7	20.7	5.0	2.2	2.4	2.1	2.2	3.7	11.4	10.8	6.0	4.6	0.7

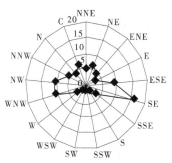 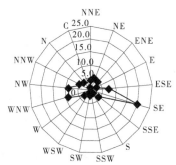

图 7-21　气象站近 20 年全年风向频率玫瑰图　　　图 7-22　气象站 2019 年全年风向频率玫瑰图

（2）2019 年气象站 10 m 高度各月风速及风功率密度见表 7-29、图 7-23。

表 7-29　10 m 高度各月风速及风功率密度

月份	1	2	3	4	5	6	7
风速/(m/s)	2.76	3.50	3.35	3.72	3.93	3.47	3.55
风功率密度/(W/m^2)	38.67	85.96	69.00	84.44	80.87	62.20	59.15
月份	8	9	10	11	12	平均	
风速/(m/s)	4.47	4.00	3.03	3.16	2.80	3.48	
风功率密度/(W/m^2)	108.53	109.36	46.97	51.56	46.18	70.24	

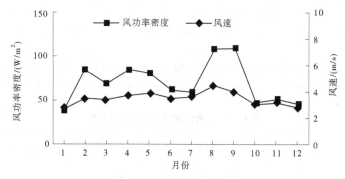

图 7-23　10 m 高度风速及风功率密度年变化

（3）2019 年气象站 10 m 高度风速频率和风能频率分布见表 7-30、图 7-24。

表 7-30　10 m 高度风速频率和风能频率分布

风速段/(m/s)	<0.1	1	2	3	4	5	6	7	8
风速频率/%	0.34	9.94	22.39	18.31	15.74	11.91	7.74	5.26	3.57
风能频率/%	0.00	0.05	0.84	2.88	6.53	10.40	12.07	13.41	13.97
风速段/(m/s)	9	10	11	12	13	14	15	>15	
风速频率/%	2.41	1.11	0.67	0.37	0.15	0.07	0.00	0.02	
风能频率/%	13.72	8.90	7.21	5.13	2.63	1.52	0	0.73	

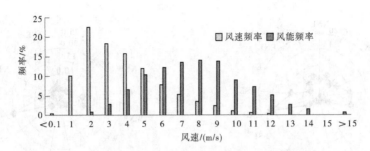

图 7-24   10 m 高度风速频率和风能频率分布直方图

7.2.2   阿拉善右旗雅布赖气象站

雅布赖气象站为国家基本气象站(台站号:52575),站址位置东经 102.783 3°,北纬 39.416 7°;观测场海拔高度 1 239.5 m。

(1)气象站累年(2000—2019 年)平均风速及风向见表 7-31 ~ 表 7-33、图 7-25、图 7-26。

表 7-31   气象站累年风速年际变化

年份	2000	2001	2002	2003	2004	2005	2006	2007	2008	2009	2010
风速/(m/s)	3.06	3.22	2.96	2.95	2.97	2.62	2.57	3.48	3.47	3.50	3.68

年份	2011	2012	2013	2014	2015	2016	2017	2018	2019	平均风速	
风速/(m/s)	3.47	3.38	3.38	3.37	3.54	3.67	3.55	3.73	3.74	3.31	

表 7-32   气象站累年逐月平均风速

月份	1	2	3	4	5	6	7	8	9	10	11	12	平均
风速/(m/s)	2.74	2.98	3.45	3.80	3.75	3.78	3.72	3.69	3.13	2.84	2.91	2.96	3.31

表 7-33   气象站全年风向频率统计

风向	NNE	NE	ENE	E	ESE	SE	SSE	S	SSW	SW	WSW	W	WNW	NW	NNW	N	C
近 20 年风向频率	2.8	4.9	12.5	11.2	5.0	3.6	2.4	2.2	3.0	5.0	5.6	9.1	9.8	9.5	4.7	2.7	5.6
2019 年风向频率	2.89	5.8	17.55	12.3	5.47	3.3	2.05	2.05	2.22	4.14	5.8	9.47	11.47	7.8	3.89	2.22	0.8

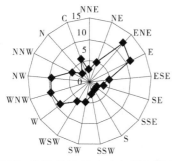

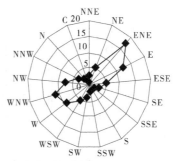

图 7-25　气象站近 20 年全年风向频率玫瑰图　　　图 7-26　气象站 2019 年全年风向频率玫瑰图

（2）2019 年气象站 10 m 高度各月风速及风功率密度见表 7-34、图 7-27。

表 7-34　10 m 高度各月风速及风功率密度

月份	1	2	3	4	5	6	7
风速/(m/s)	2.89	3.49	3.73	4.03	4.23	3.79	3.91
风功率密度/(W/m²)	34.03	65.89	77.46	97.96	107.31	79.52	77.55
月份	8	9	10	11	12	平均	
风速/(m/s)	4.42	3.85	3.69	3.52	3.34	3.74	
风功率密度/(W/m²)	106.93	78.58	78.82	70.71	56.36	77.59	

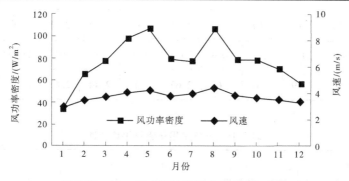

图 7-27　10 m 高度风速及风功率密度年变化

（3）2019 年气象站 10 m 高度风速频率和风能频率分布见表 7-35、图 7-28。

表 7-35　10 m 高度风速频率和风能频率分布

风速段/(m/s)	<0.1	1	2	3	4	5	6	7
风速频率/%	0.29	6.56	18.47	21.13	16.29	11.91	9.17	6.45
风能频率/%	0.00	0.03	0.66	3.02	6.00	9.36	12.88	14.85
风速段/(m/s)	8	9	10	11	12	13	14	
风速频率/%	4.79	2.42	1.34	0.64	0.39	0.10	0.06	
风能频率/%	17.02	12.47	9.65	6.27	4.91	1.69	1.18	

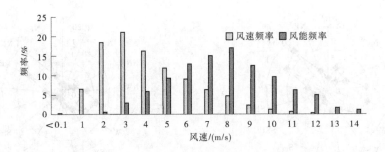

图 7-28   10 m 高度风速频率和风能频率分布直方图

7.3   额济纳旗风能资源

额济纳旗气象站为国家基本气象站(台站号:52267),站址位置东经101.066 7°,北纬41.95°;观测场海拔高度940.5 m。

(1)气象站累年(2000—2019 年)平均风速及风向见表 7-36 ~ 表 7-38、图 7-29、图 7-30。

表 7-36   气象站累年风速年际变化

年份	2000	2001	2002	2003	2004	2005	2006	2007	2008	2009	2010
风速/(m/s)	3.19	3.12	3.01	2.68	2.71	2.95	3.05	2.88	2.97	2.99	3.01
年份	2011	2012	2013	2014	2015	2016	2017	2018	2019	平均风速	
风速/(m/s)	2.62	2.59	2.61	2.63	2.67	2.61	2.44	2.68	2.63	2.80	

表 7-37   气象站累年逐月平均风速

月份	1	2	3	4	5	6	7	8	9	10	11	12	平均
风速/(m/s)	2.3	2.5	3.0	3.4	3.4	3.1	3.0	2.8	2.5	2.5	2.6	2.5	2.8

表 7-38   气象站全年风向频率统计

风向	NNE	NE	ENE	E	ESE	SE	SSE	S	SSW	SW	WSW	W	WNW	NW	NNW	N	C
近 20 年风向频率	2.4	3.0	4.6	11.2	10.2	4.9	2.8	2.4	2.4	3.9	6.2	16.2	11.4	7.0	4.1	2.5	4.6
2019 年风向频率	2.67	2.92	6	16.17	9.17	3.42	2.33	2.08	2.25	3.92	7	17.5	9.25	6	3.75	2.58	1.25

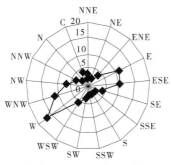

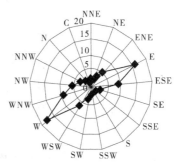

图 7-29　气象站近 20 年全年风向频率玫瑰图　　图 7-30　气象站 2019 年全年风向频率玫瑰图

（2）2019 年气象站 10 m 高度各月风速及风功率密度见表 7-39、图 7-31。

表 7-39　10 m 高度各月风速及风功率密度

月份	1	2	3	4	5	6	7
风速/(m/s)	1.93	2.55	2.48	2.89	3.18	2.98	2.65
风功率密度/(W/m²)	9.57	24.90	22.11	28.86	48.34	32.02	23.16
月份	8	9	10	11	12	平均	
风速/(m/s)	2.55	2.32	2.82	2.77	2.52	2.63	
风功率密度/(W/m²)	18.46	19.19	32.41	31.37	23.44	26.15	

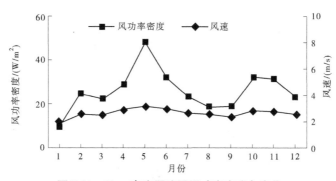

图 7-31　10 m 高度风速及风功率密度年变化

（3）2019 年气象站 10 m 高度风速频率和风能频率分布见表 7-40、图 7-32。

表 7-40　10 m 高度风速频率和风能频率分布

风速段/(m/s)	<0.1	1	2	3	4	5	6	7	8	9	10	11
风速频率/%	1.02	10.91	29.90	25.89	15.15	8.82	5.08	2.11	0.75	0.23	0.11	0.02
风能频率/%	0.00	0.14	3.14	10.54	16.47	20.07	21.05	14.32	7.74	3.49	2.43	0.61

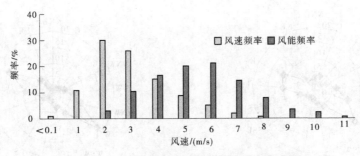

图 7-32　10 m 高度风速和风能频率分布直方图

8 乌海市风能资源

8.1 乌海气象站

乌海气象站为国家基本气象站(台站号:53512),站址位置东经106.8°,北纬39.8°;观测场海拔高度1 105.6 m。

(1)气象站累年(2000—2019年)平均风速及风向见表8-1~表8-3、图8-1、图8-2。

表8-1 气象站累年风速年际变化

年份	2000	2001	2002	2003	2004	2005	2006	2007	2008	2009	2010
风速/(m/s)	2.72	2.72	2.34	2.48	2.95	3.03	3.09	2.9	2.82	2.65	2.67
年份	2011	2012	2013	2014	2015	2016	2017	2018	2019	平均风速	
风速/(m/s)	2.37	2.38	2.37	2.15	1.98	2.56	2.32	2.44	2.32	2.56	

表8-2 气象站累年逐月平均风速

月份	1	2	3	4	5	6	7	8	9	10	11	12	平均
风速/(m/s)	1.82	2.25	2.82	3.26	3.3	2.98	2.87	2.69	2.44	2.17	2.17	1.96	2.56

表8-3 气象站全年各风向频率

风向	NNE	NE	ENE	E	ESE	SE	SSE	S	SSW	SW	WSW	W	WNW	NW	NNW	N	C
近20年风向频率	3.6	4.4	3.8	4.8	7.8	10.5	10.0	7.1	5.8	5.3	5.4	6.3	6.0	5.3	3.5	3.3	6.9
2019年风向频率	3.4	5.0	3.9	4.7	5.9	10.2	8.7	9.7	6.7	6.3	6.3	6.5	6.7	6.6	4.2	3.2	1.2

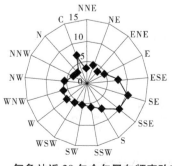

图8-1 气象站近20年全年风向频率玫瑰图

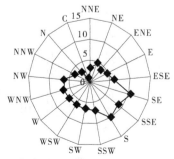

图8-2 气象站2019年全年风向频率玫瑰图

（2）2019 年气象站 10 m 高度各月风速及风功率密度见表 8-4、图 8-3。

表 8-4   10 m 高度各月风速及风功率密度

月份	1	2	3	4	5	6	7
风速/(m/s)	1.77	2.14	2.59	2.71	2.90	2.39	2.34
风功率密度/(W/m²)	8.58	21.08	32.89	34.16	37.52	21.12	16.92
月份	8	9	10	11	12	平均	
风速/(m/s)	2.28	2.38	2.26	2.37	1.77	2.32	
风功率密度/(W/m²)	18.28	18.36	22.86	36.17	14.22	23.51	

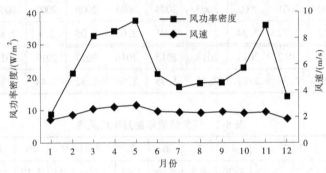

图 8-3   10 m 高度风速及风功率密度年变化

（3）2019 年气象站 10 m 高度风速频率和风能频率分布表 8-5、图 8-4。

表 8-5   10 m 高度风速频率和风能频率分布

风速段/(m/s)	<0.1	1	2	3	4	5	6	7	8	9	10	11	12	13
风速频率/%	0.32	15.48	41.51	18.93	10.23	6.50	3.53	1.74	0.86	0.64	0.21	0.05	0.02	0.01
风能频率/%	0.00	0.25	4.21	8.48	12.49	16.46	16.41	13.27	10.04	10.58	4.84	1.44	0.97	0.56

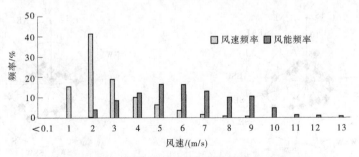

图 8-4   10 m 高度风速频率和风能频率分布直方图

9 赤峰市风能资源

9.1 赤峰风能资源

9.1.1 赤峰气象站

赤峰气象站为国家基本气象站（台站号：54218），站址位置东经 118.834 4°，北纬 42.307 5°；观测场海拔高度 668.6 m。

（1）气象站累年（2000—2019 年）平均风速及风向见表 9-1~表 9-3、图 9-1、图 9-2。

表 9-1　气象站累年风速年际变化

年份	2000	2001	2002	2003	2004	2005	2006	2007	2008	2009	2010
风速/（m/s）	2.09	2.12	2.28	1.93	2.06	2.29	2.14	2.13	2.21	2.23	2.05

年份	2011	2012	2013	2014	2015	2016	2017	2018	2019	平均风速	
风速/（m/s）	2.59	2.66	2.62	2.65	2.75	2.87	2.76	2.78	2.72	2.40	

表 9-2　气象站累年逐月平均风速

月份	1	2	3	4	5	6	7	8	9	10	11	12	平均
风速/（m/s）	2.24	2.46	2.92	3.22	3.02	2.24	2	1.86	1.95	2.2	2.3	2.33	2.40

表 9-3　气象站全年各风向频率统计

风向	NNE	NE	ENE	E	ESE	SE	SSE	S	SSW	SW	WSW	W	WNW	NW	NNW	N	C
近 20 年风向频率	3.4	3.5	3.7	3.5	2.8	3.0	3.0	3.6	7.9	13.6	9.3	8.0	7.5	6.8	5.9	4.6	9.7
2019 年风向频率	5.2	3.5	3.1	4.1	3.8	3.8	3.8	3.3	5.8	9.8	8.6	8.7	9.6	7.9	8.2	8.0	2.3

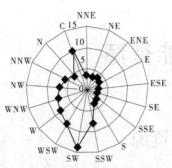

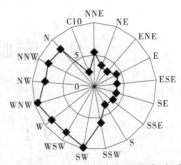

图 9-1 气象站近 20 年全年风向频率玫瑰图　　图 9-2 气象站 2019 年全年风向频率玫瑰图

（2）2019 年气象站 10 m 高度各月风速及风功率密度见表 9-4、图 9-3。

表 9-4 10 m 高度各月风速及风功率密度

月份	1	2	3	4	5	6	7
风速/(m/s)	2.85	2.48	3.37	3.53	3.89	2.43	2.16
风功率密度/(W/m²)	39.01	23.48	59.01	68.40	81.80	21.69	14.59
月份	8	9	10	11	12	平均	
风速/(m/s)	2.31	1.84	2.43	2.65	2.70	2.72	
风功率密度/(W/m²)	18.64	11.76	26.44	38.42	29.83	36.09	

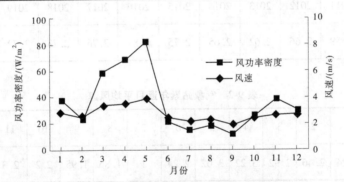

图 9-3 10 m 高度风速及风功率密度年变化

（3）2019 年气象站 10 m 高度风速频率和风能频率分布见表 9-5、图 9-4。

表 9-5 10 m 高度风速频率和风能频率分布

风速段/(m/s)	<0.1	1	2	3	4	5	6
风速频率/%	1.10	16.02	27.56	20.32	14.28	8.92	5.78
风能频率/%	0.00	0.14	1.96	6.07	11.29	14.62	17.49
风速段/(m/s)	7	8	9	10	11	12	13
风速频率/%	2.77	1.64	1.00	0.34	0.22	0.05	0.01
风能频率/%	13.77	12.55	10.81	5.25	4.41	1.27	0.38

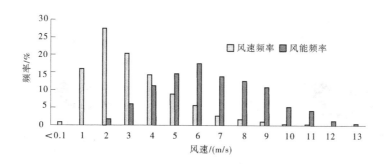

图 9-4　10 m 高度风速频率和风能频率分布直方图

9.1.2　赤峰松山区岗子气象站

岗子气象站为国家基本气象站(台站号:54214),站址位置东经 118.416 7°,北纬 42.583 3°;观测场海拔高度 960 m。

(1)气象站累年(2000—2019 年)平均风速及风向见表 9-6~表 9-8、图 9-5、图 9-6。

表 9-6　气象站累年风速年际变化

年份	2000	2001	2002	2003	2004	2005	2006	2007	2008	2009	2010
风速(m/s)	2.28	2.16	2.43	2.17	2.31	2.42	2.12	2.08	2.22	2.44	2.32

年份	2011	2012	2013	2014	2015	2016	2017	2018	2019	平均风速	
风速/(m/s)	2.5	2.6	2.6	2.38	2.38	2.88	2.81	2.83	2.70	2.43	

表 9-7　气象站累年逐月平均风速

月份	1	2	3	4	5	6	7	8	9	10	11	12	平均
风速/(m/s)	2.74	2.7	3.13	3.28	3.06	1.93	1.57	1.33	1.65	2.27	2.73	2.77	2.43

表 9-8　气象站全年各风向频率统计

风向	NNE	NE	ENE	E	ESE	SE	SSE	S	SSW	SW	WSW	W	WNW	NW	NNW	N	C
近 20 年风向频率	1.8	2.4	2.6	4.1	2.8	2.8	2.2	3.0	3.6	5.8	7.3	16.4	15.3	8.8	3.3	2.1	15.4
2019 年风向频率	2.1	2.7	3.3	3.5	3.8	3.1	2.9	3.1	4.3	5.3	7.8	14.9	21.3	12.2	4.1	2.3	2.5

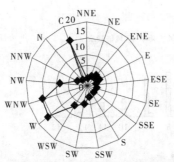
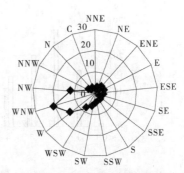

图 9-5　气象站近 20 年全年风向频率玫瑰图　　　　图 9-6　气象站 2019 年全年风向频率玫瑰图

（2）2019 年气象站 10 m 高度各月风速及风功率密度见表 9-9、图 9-7。

表 9-9　10 m 高度各月风速及风功率密度

月份	1	2	3	4	5	6	7
风速/（m/s）	3.32	2.73	3.42	3.24	4.00	2.20	1.80
风功率密度/（W/m²）	74.66	39.83	71.28	75.06	105.61	20.62	11.39
月份	8	9	10	11	12	平均	
风速（m/s）	1.81	1.68	2.36	2.95	2.95	2.70	
风功率密度/（W/m²）	13.51	12.85	32.12	67.50	49.76	47.85	

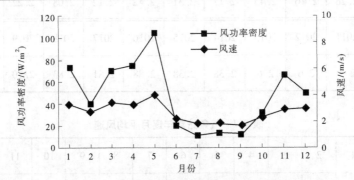

图 9-7　10 m 高度风速及风功率密度年变化

（3）2019 年气象站 10 m 高度风速频率和风能频率分布见表 9-10、图 9-8。

表 9-10　10 m 高度风速频率和风能频率分布

风速段/（m/s）	<0.1	1	2	3	4	5	6	7	8
风速频率/%	1.14	22.68	29.84	13.38	10.00	7.48	5.40	4.22	2.81
风能频率/%	0.00	0.14	1.48	2.94	6.14	9.49	12.33	15.75	15.97
风速段/（m/s）	9	10	11	12	13	14	15	>15	
风速频率/%	1.53	0.87	0.34	0.15	0.09	0.06	0.00	0.01	
风能频率/%	12.70	9.93	5.29	3.12	2.35	1.88	0.00	0.50	

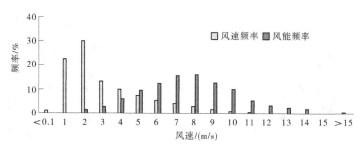

图 9-8　10 m 高度风速频率和风能频率分布直方图

9.2　宁城县风能资源

9.2.1　宁城县气象站

宁城县气象站为国家基本气象站(台站号:54320),站址位置东经 119.3°,北纬 41.6°;观测场海拔高度 544.2 m。

(1)气象站累年(2000—2019 年)平均风速及风向见表 9-11~表 9-13、图 9-9、图 9-10。

表 9-11　气象站累年风速年际变化

年份	2000	2001	2002	2003	2004	2005	2006	2007	2008	2009	2010
风速/(m/s)	2.4	2.81	2.67	2.34	2.52	2.38	2.42	1.79	1.96	1.94	2.54

年份	2011	2012	2013	2014	2015	2016	2017	2018	2019	平均风速	
风速/(m/s)	2.52	2.57	2.69	2.44	2.43	2.65	2.61	2.73	2.61	2.45	

表 9-12　气象站累年逐月平均风速

月份	1	2	3	4	5	6	7	8	9	10	11	12	平均
风速/(m/s)	2	2.39	3.11	3.44	3.16	2.48	2.24	1.95	2	2.24	2.26	2.13	2.45

表 9-13　气象站全年各风向频率统计

风向	NNE	NE	ENE	E	ESE	SE	SSE	S	SSW	SW	WSW	W	WNW	NW	NNW	N	C
近 20 年风向频率	5.2	3.4	2.2	2.3	4.1	9.0	11.1	7.1	5.1	4.4	6.4	4.9	4.9	4.3	7.2	9.3	9.0
2019 年风向频率	6.2	6.0	1.6	1.7	3.0	8.0	9.6	8.2	6.3	5.7	9.1	6.7	4.0	4.4	6.3	9.5	3.2

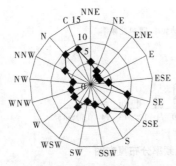

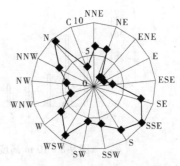

图 9-9　气象站近 20 年全年风向频率玫瑰图　　　图 9-10　气象站 2019 年全年风向频率玫瑰图

（2）2019 年气象站 10 m 高度各月风速及风功率密度见表 9-14、图 9-11。

表 9-14　10 m 高度各月风速及风功率密度

月份	1	2	3	4	5	6	7
风速/（m/s）	1.96	2.11	3.28	3.48	3.98	2.79	2.26
风功率密度/（W/m²）	17.88	17.01	59.45	70.40	88.45	33.61	15.92
月份	8	9	10	11	12	平均	
风速/（m/s）	2.21	1.88	2.38	2.74	2.21	2.61	
风功率密度/（W/m²）	15.84	11.05	23.17	36.51	20.04	34.11	

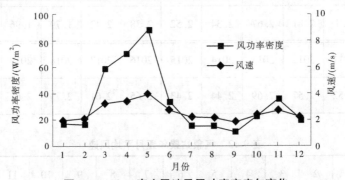

图 9-11　10 m 高度风速及风功率密度年变化

（3）2019 年气象站 10 m 高度风速频率和风能频率分布见表 9-15、图 9-12。

表 9-15　10 m 高度风速频率和风能频率分布

风速段/（m/s）	<0.1	1	2	3	4	5	6
风速频率/%	1.39	18.03	30.22	17.65	12.68	8.66	5.16
风能频率/%	0.00	0.17	2.18	5.45	10.75	15.33	16.41
风速段/（m/s）	7	8	9	10	11	12	13
风速频率/%	3.21	1.76	0.81	0.21	0.11	0.07	0.05
风能频率/%	16.69	14.14	9.39	3.27	2.50	2.01	1.71

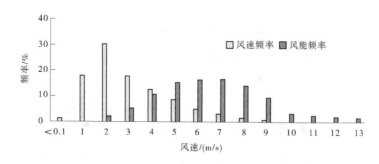

图 9-12　10 m 高度风速频率和风能频率分布直方图

9.2.2　宁城县八里罕气象站

八里罕气象站为国家基本气象站（台站号：54316），站址位置东经 118.75°，北纬 41.516 7°；观测场海拔高度 679.3 m。

（1）气象站累年（2000—2019 年）平均风速及风向（缺）见表 9-16、表 9-17。

表 9-16　气象站累年风速年际变化

年份	2000	2001	2002	2003	2004	2005	2006	2007	2008	2009	2010
风速/（m/s）	4.24	4.11	3.66	3.46	3.72	3.98	3.44	3.17	3.03	2.92	3.12
年份	2011	2012	2013	2014	2015	2016	2017	2018	2019	平均风速	
风速/（m/s）	3.23	3.11	3.18	2.75	2.88	3.35	3.67	3.64	3.53	3.41	

表 9-17　气象站累年逐月平均风速

月份	1	2	3	4	5	6	7	8	9	10	11	12	平均
风速/（m/s）	4.96	4.46	4.22	3.99	3.43	2.25	1.86	1.9	2.31	3.24	3.72	4.59	3.41

（2）2019 年气象站 10 m 高度各月风速及风功率密度见表 9-18、图 9-13。

表 9-18　10 m 高度各月风速及风功率密度

月份	1	2	3	4	5	6	7
风速/（m/s）	1.66	1.60	2.36	2.67	2.76	2.00	1.67
风功率密度/（W/m²）	8.23	7.55	22.74	30.46	29.74	12.90	8.64
月份	8	9	10	11	12	平均	
风速/（m/s）	1.70	1.60	1.91	2.06	1.87	1.99	
风功率密度/（W/m²）	8.69	8.06	11.89	15.57	12.59	14.76	

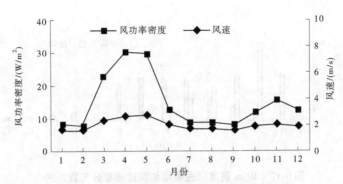

图9-13 10 m高度风速及风功率密度年变化图

（3）2019年气象站10 m高度风速频率和风能频率见表9-19、图9-14。

表9-19 10 m高度风速频率和风能频率分布

风速段/(m/s)	<0.1	1	2	3	4	5	6	7	8	9	10	11
风速频率/%	1.48	28.31	33.71	15.99	10.18	6.06	3.17	0.84	0.19	0.02	0.01	0.01
风能频率/%	0.00	0.60	5.37	11.76	19.83	24.37	23.00	9.87	3.58	0.62	0.38	0.63

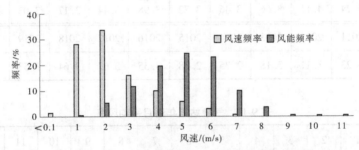

图9-14 10 m高度风速频率及风功率密度年变化图

9.2.3 宁城县富河气象站

富河气象站为国家基本气象站（台站号：54024），站址位置东经119.3°，北纬44.45°；观测场海拔高度710 m。

（1）气象站累年（2000—2019年）平均风速及风向见表9-20～表9-22、图9-15、图9-16。

表9-20 气象站累年风速年际变化

年份	2000	2001	2002	2003	2004	2005	2006	2007	2008	2009	2010
风速/(m/s)	2.62	2.68	2.57	2.42	2.61	2.42	2.6	2.28	2.28	3.09	3.03
年份	2011	2012	2013	2014	2015	2016	2017	2018	2019	平均风速	
风速/(m/s)	2.91	2.82	2.66	2.42	2.43	2.87	2.88	2.94	3.56	2.70	

表 9-21 气象站累年逐月平均风速

月份	1	2	3	4	5	6	7	8	9	10	11	12	平均
风速/(m/s)	2.47	2.68	3.12	3.42	3.36	2.68	2.28	2.09	2.09	2.44	2.57	2.65	2.7

表 9-22 气象站全年各风向频率统计

风向	NNE	NE	ENE	E	ESE	SE	SSE	S	SSW	SW	WSW	W	WNW	NW	NNW	N	C
近20年风向频率	1.7	1.1	1.6	2.9	3.8	4.1	2.8	2.4	1.4	1.3	1.5	4.4	14.4	25.7	17.5	7.0	5.9
2019年风向频率	1.5	0.7	1.2	2.7	3.7	3.6	3.6	2.7	1.2	0.9	1.7	3.6	16.7	31.9	16.5	6.4	0.6

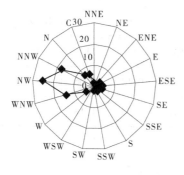

图 9-15 气象站近 20 年全年风向频率玫瑰图　　图 9-16 气象站 2019 年全年风向频率玫瑰图

（2）2019 年气象站 10 m 高度各月风速及风功率密度见表 9-23、图 9-17。

表 9-23 10 m 高度各月风速及风功率密度

月份	1	2	3	4	5	6	7
风速/(m/s)	5.58	4.66	4.16	4.14	4.17	2.48	1.91
风功率密度/(W/m²)	227.92	137.16	103.49	129.85	130.74	19.94	9.03

月份	8	9	10	11	12	平均	
风速/(m/s)	2.22	2.42	3.27	3.74	3.97	3.56	
风功率密度/(W/m²)	19.30	23.07	72.08	99.07	99.81	89.29	

（3）2019 年气象站 10 m 高度风速频率和风能频率分布见表 9-24、图 9-18。

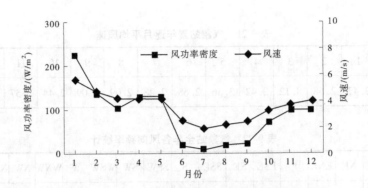

图 9-17　10 m 高度风速及风功率密度年变化

表 9-24　10 m 高度风速频率和风能频率分布

风速段/(m/s)	<0.1	1	2	3	4	5	6	7	8
风速频率/%	0.35	9.10	25.47	21.78	11.69	8.25	6.27	5.31	4.22
风能频率/%	0.00	0.04	0.79	2.58	3.75	5.63	7.75	10.91	13.16
风速段/(m/s)	9	10	11	12	13	14	15	>15	
风速频率/%	2.97	2.00	1.14	0.75	0.46	0.14	0.06	0.05	
风能频率/%	13.49	12.58	9.64	8.27	6.47	2.37	1.18	1.39	

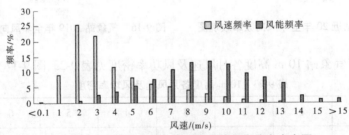

图 9-18　10 m 高度风速频率和风能频率分布直方图

9.3　林西县风能资源

林西气象站为国家基本气象站(台站号:54115),站址位置东经 118.028 3°,北纬 43.633 9°;观测场海拔高度 825 m。

(1)气象站累年(2000—2019 年)平均风速及风向见表 9-25~表 9-27、图 9-19、图 9-20。

表 9-25 气象站累年风速年际变化

年份	2000	2001	2002	2003	2004	2005	2006	2007	2008	2009	2010
风速/（m/s）	2.42	2.62	2.52	2.38	2.43	2.67	2.53	2.47	2.73	2.82	2.52
年份	2011	2012	2013	2014	2015	2016	2017	2018	2019	平均风速	
风速/（m/s）	2.45	2.38	3.05	2.94	3.02	3.16	3.24	3.27	3.20	2.74	

表 9-26 气象站累年逐月平均风速

月份	1	2	3	4	5	6	7	8	9	10	11	12	平均
风速/（m/s）	2.98	2.97	3.29	3.49	3.34	2.34	1.96	1.79	2.15	2.62	2.93	3.03	2.74

表 9-27 气象站全年各风向频率统计

风向	NNE	NE	ENE	E	ESE	SE	SSE	S	SSW	SW	WSW	W	WNW	NW	NNW	N	C
近20年风向频率	2.12	2.51	2.37	3.68	3.34	2.78	1.71	1.89	2.72	7.33	13.95	10.18	7.09	9.6	11.56	6.16	10.8
2019年风向频率	1.75	1.08	0.83	2.5	3.66	3.41	2.08	1.83	3.33	5	7.33	8.08	7.58	13.25	23.75	11.25	2.5

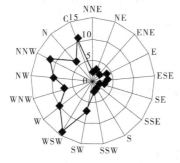

图 9-19 气象站近 20 年全年风向频率玫瑰图

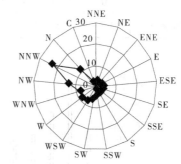

图 9-20 气象站 2019 年全年风向频率玫瑰图

（2）2019 年气象站 10 m 高度各月风速及风功率密度见表 9-28、图 9-21。

表 9-28 10 m 高度各月风速及风功率密度

月份	1	2	3	4	5	6	7
风速/（m/s）	3.70	3.05	3.91	4.07	4.43	2.77	2.36
风功率密度/（W/m²）	80.69	56.93	86.77	107.99	122.32	34.58	21.81
月份	8	9	10	11	12	平均	
风速/（m/s）	2.53	2.47	3.06	2.94	3.12	3.20	
风功率密度/（W/m²）	26.10	26.57	51.73	59.15	48.77	60.28	

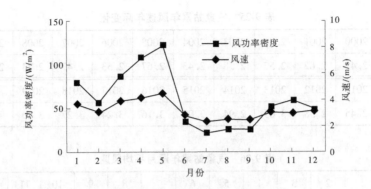

图 9-21　10 m 高度风速及风功率密度年变化

（3）2019 年气象站 10 m 高度风速频率和风能频率分布见表 9-29、图 9-22。

表 9-29　10 m 高度风速频率和风能频率分布

风速段/(m/s)	<0.1	1	2	3	4	5	6	7	8
风速频率/%	1.05	12.26	26.55	18.47	11.54	9.18	7.91	5.62	3.73
风能频率/%	0.00	0.06	1.09	3.22	5.55	9.41	14.44	16.91	16.88
风速段/(m/s)	9	10	11	12	13	14	15	>15	
风速频率/%	2.09	0.94	0.40	0.17	0.05	0.02	0.00	0.02	
风能频率/%	13.96	8.57	4.82	2.67	0.95	0.59	0.00	0.86	

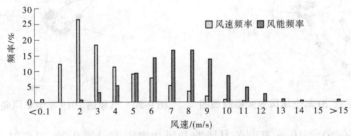

图 9-22　10 m 高度风速频率和风能频率分布直方图

9.4　阿鲁科尔沁旗风能资源

阿鲁科尔沁旗气象站为国家基本气象站（台站号:54122），站址位置东经 120.030 3°，北纬 43.861 7°;观测场海拔高度 428.9 m。

（1）气象站累年（2000—2019 年）平均风速及风向见表 9-30 ~ 表 9-32、图 9-23、图 9-24。

表 9-30 气象站累年风速年际变化

年份	2000	2001	2002	2003	2004	2005	2006	2007	2008	2009	2010
风速/(m/s)	2.1	2.79	2.64	2.53	2.59	2.62	2.52	2.66	2.73	2.95	2.98
年份	2011	2012	2013	2014	2015	2016	2017	2018	2019	平均风速	
风速/(m/s)	2.74	2.73	2.84	2.41	3.53	3.56	3.64	3.51	3.45	2.88	

表 9-31 气象站累年逐月平均风速

月份	1	2	3	4	5	6	7	8	9	10	11	12	平均
风速/(m/s)	2.47	2.81	3.51	4.09	3.94	2.85	2.45	2.18	2.34	2.71	2.55	2.59	2.87

表 9-32 气象站全年各风向频率统计

风向	NNE	NE	ENE	E	ESE	SE	SSE	S	SSW	SW	WSW	W	WNW	NW	NNW	N	C
近 20 年风向频率	4.3	3.8	2.8	3.1	3.6	4.6	3.5	3.5	3.4	5.2	5.7	8.1	10.4	12.3	8.4	6.3	11.0
2019 年风向频率	4.8	4.2	2.6	3.0	2.5	3.4	4.0	3.8	5.3	8.1	9.4	12.3	11.4	10.9	6.5	4.8	1.9

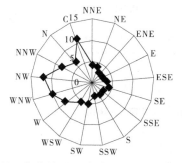

图 9-23 气象站近 20 年全年风向频率玫瑰图

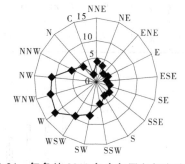

图 9-24 气象站 2019 年全年风向频率玫瑰图

（2）2019 年气象站 10 m 高度各月风速及风功率密度见表 9-33、图 9-25。

表 9-33 10 m 高度各月风速及风功率密度

月份	1	2	3	4	5	6	7
风速/(m/s)	3.72	3.16	4.26	4.20	4.98	3.27	2.57
风功率密度/(W/m²)	81.54	43.94	93.25	116.88	157.12	46.35	25.41
月份	8	9	10	11	12	平均	
风速/(m/s)	2.83	2.80	3.63	3.29	2.79	3.46	
风功率密度/(W/m²)	35.10	37.07	63.57	68.83	39.29	67.36	

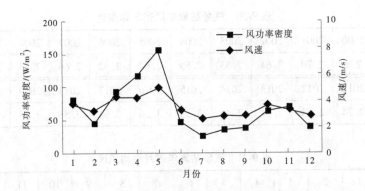

图 9-25　10 m 高度风速及风功率密度年变化

（3）2019 年气象站 10 m 高度风速频率和风能频率分布见表 9-34、图 9-26。

表 9-34　10 m 高度风速频率和风能频率分布

风速段（m/s）	<0.1	1	2	3	4	5	6	7	8
风速频率/%	0.94	11.39	19.99	16.71	16.10	12.95	8.74	5.94	3.41
风能频率/%	0.00	0.05	0.76	2.76	7.01	11.49	14.21	15.78	13.85

风速段（m/s）	9	10	11	12	13	14	15	>15
风速频率/%	1.84	0.90	0.54	0.33	0.11	0.08	0.00	0.03
风能频率/%	10.65	7.41	6.07	4.76	2.08	1.91	0.00	1.21

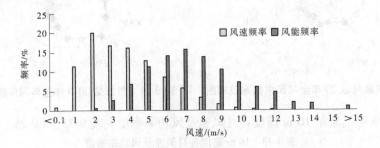

图 9-26　10 m 高度风速频率和风能频率分布直方图

9.5　巴林左旗风能资源

巴林左旗气象站为国家基本气象站（台站号：54027），站址位置东经 119.317 5°，北纬 43.958 1°；观测场海拔高度 587.8 m。

（1）气象站累年（2000—2019 年）平均风速及风向见表 9-35～表 9-37、图 9-27、图 9-28。

表 9-35　气象站累年风速年际变化

年份	2000	2001	2002	2003	2004	2005	2006	2007	2008	2009	2010
风速/(m/s)	2.49	2.45	2.41	2.02	2.03	2.35	2.33	2.2	2.11	2.1	2.29

年份	2011	2012	2013	2014	2015	2016	2017	2018	2019	平均风速	
风速/(m/s)	2.16	2.15	2.23	2.02	2.11	2.13	2.24	2.21	4.37	2.32	

表 9-36　气象站累年逐月平均风速

月份	1	2	3	4	5	6	7	8	9	10	11	12	平均
风速/(m/s)	2.32	2.43	2.83	3.06	2.84	2.1	1.91	1.79	1.81	2.18	2.19	2.32	2.32

表 9-37　气象站全年各风向频率统计

风向	NNE	NE	ENE	E	ESE	SE	SSE	S	SSW	SW	WSW	W	WNW	NW	NNW	N	C
近20年风向频率	4.7	2.6	2.9	5.6	6.5	5.1	3.4	3.0	3.5	6.0	6.4	7.1	10.0	8.8	7.7	8.6	8.0
2019年风向频率	3.3	4.2	4.1	4.4	5.4	4.3	3.4	3.9	5.2	7.7	5.5	5.6	8.5	15.6	12.2	4.1	1.6

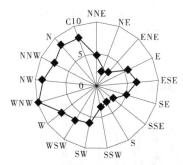

图 9-27　气象站近 20 年全年风向频率玫瑰图

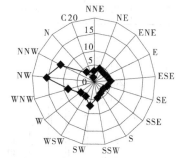

图 9-28　气象站 2019 年全年风向频率玫瑰图

（2）2019 年气象站 10 m 高度各月风速及风功率密度见表 9-38、图 9-29。

表 9-38　10 m 高度各月风速及风功率密度

月份	1	2	3	4	5	6	7
风速/(m/s)	5.07	4.22	5.47	5.56	6.45	4.02	2.89
风功率密度/(W/m²)	252.93	125.85	266.75	333.78	438.14	104.22	54.07

月份	8	9	10	11	12	平均	
风速/(m/s)	3.77	3.30	4.31	3.86	3.47	4.37	
风功率密度/(W/m²)	97.26	92.89	159.52	152.31	107.34	182.09	

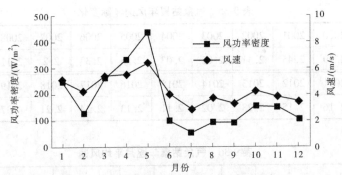

图 9-29　10 m 高度风速及风功率密度年变化

（3）2019 年气象站 10 m 高度风速频率和风能频率分布见表 9-39、图 9-30。

表 9-39　10 m 高度风速频率和风能频率分布

风速段/(m/s)	<0.1	1	2	3	4	5	6	7	8
风速频率/%	0.58	11.43	19.79	14.26	10.67	9.21	8.05	5.87	5.06
风能频率/%	0.00	0.02	0.28	0.85	1.69	3.10	4.94	5.75	7.71

风速段/(m/s)	9	10	11	12	13	14	15	>15
风速频率/%	4.02	3.37	2.45	1.77	1.19	0.76	0.56	0.96
风能频率/%	8.93	10.25	10.03	9.64	8.25	6.79	5.91	15.85

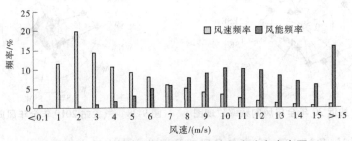

图 9-30　10 m 高度风速频率和风能频率分布直方图

9.6　巴林右旗风能资源

巴林右旗气象站为国家基本气象站（台站号：54113），站址位置东经 118.633 3°，北纬 43.533 3°；观测场海拔高度 688.8 m。

（1）气象站累年（2000—2019 年）平均风速及风向见表 9-40 ~ 表 9-42、图 9-31、图 9-32。

表 9-40　气象站累年风速年际变化

年份	2000	2001	2002	2003	2004	2005	2006	2007	2008	2009	2010
风速/（m/s）	2.82	2.69	2.8	2.67	2.87	3.06	2.62	3.18	3.16	3.18	3.23
年份	2011	2012	2013	2014	2015	2016	2017	2018	2019	平均风速	
风速/（m/s）	3.09	3.02	3.15	2.85	2.92	3	2.97	5.24	4.99	3.17	

表 9-41　气象站累年逐月平均风速

月份	1	2	3	4	5	6	7	8	9	10	11	12	平均
风速/（m/s）	3.89	3.49	3.71	3.8	3.56	2.65	2.4	2.32	2.52	2.95	3.12	3.66	3.17

表 9-42　气象站全年各风向频率统计

风向	NNE	NE	ENE	E	ESE	SE	SSE	S	SSW	SW	WSW	W	WNW	NW	NNW	N	C
近 20 年风向频率	3.8	4.3	3.2	3.9	3.5	2.5	1.9	2.8	5.4	13.9	12.1	14.3	10.1	6.2	3.1	2.9	6.0
2019 年风向频率	2.6	4.9	3.4	3.4	4.1	2.1	1.4	1.8	3.8	9.2	10.9	15.9	16.5	13.1	4.3	1.6	0.0

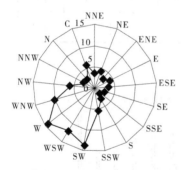

图 9-31　气象站近 20 年全年风向频率玫瑰图

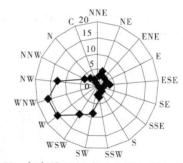

图 9-32　气象站 2019 年全年风向频率玫瑰图

（2）2019 年气象站 10 m 高度各月风速及风功率密度见表 9-43、图 9-33。

表 9-43　10 m 高度各月风速及风功率密度

月份	1	2	3	4	5	6	7
风速/（m/s）	6.90	5.80	5.81	5.41	6.39	3.99	3.61
风功率密度/（W/m²）	411.84	235.97	259.20	282.82	373.91	83.06	64.12
月份	8	9	10	11	12	平均	
风速/（m/s）	3.95	3.98	4.77	4.70	4.74	5.00	
风功率密度/（W/m²）	89.53	107.94	165.36	200.35	167.21	203.44	

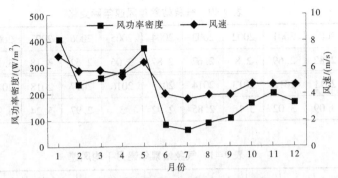

图 9-33　10 m 高度风速及风功率密度年变化图

（3）2019 年气象站 10 m 高度风速频率和风能频率分布见表 9-44、图 9-34。

表 9-44　10 m 高度风速频率和风能频率分布

风速段/(m/s)	<0.1	1	2	3	4	5	6	7	8
风速频率/%	0.01	2.04	12.18	17.69	16.28	12.68	9.85	7.84	5.51
风能频率/%	0.00	0.00	0.18	0.97	2.33	3.81	5.35	6.95	7.48
风速段/(m/s)	9	10	11	12	13	14	15	>15	
风速频率/%	4.13	3.62	2.61	1.76	1.30	0.75	0.59	1.13	
风能频率/%	8.13	10.02	9.72	8.52	8.18	5.94	5.58	16.85	

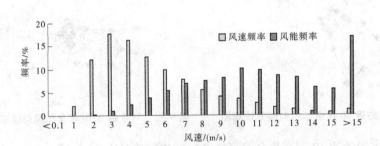

图 9-34　10 m 高度风速频率和风能频率分布直方图

9.7　克什克腾旗风能资源

克什克腾旗气象站为国家基本气象站（台站号：54117），站址位置东经 117.533 3°，北纬 43.25°；观测场海拔高度 1 003.3 m。

（1）气象站累年（2000—2019 年）平均风速及风向见表 9-45 ~ 表 9-47、图 9-35、图 9-36。

表 9-45 气象站累年风速年际变化

年份	2000	2001	2002	2003	2004	2005	2006	2007	2008	2009	2010
风速/(m/s)	2.63	2.66	2.75	2.46	2.68	3.03	2.72	3.05	3.13	3.11	3.17
年份	2011	2012	2013	2014	2015	2016	2017	2018	2019	平均风速	
风速/(m/s)	3.09	3.26	3.14	2.82	2.91	3.13	3.05	3.05	2.95	2.94	

表 9-46 气象站累年逐月平均风速

月份	1	2	3	4	5	6	7	8	9	10	11	12	平均
风速/(m/s)	3.9	3.68	3.49	3.23	3.12	2.12	1.94	1.76	1.97	2.71	3.43	3.88	2.94

表 9-47 气象站全年各风向频率统计

风向	NNE	NE	ENE	E	ESE	SE	SSE	S	SSW	SW	WSW	W	WNW	NW	NNW	N	C
近20年风向频率	2.9	1.7	2.1	3.4	3.9	3.6	2.2	1.7	1.9	2.5	7.0	19.6	17.2	9.8	5.5	4.3	10.1
2019年风向频率	2.5	1.4	1.3	2.7	4.0	4.7	2.2	2.2	2.1	3.6	10.3	19.7	15.3	11.7	7.3	4.9	2.9

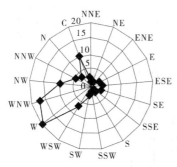

图 9-35 气象站近 20 年全年风向频率玫瑰图

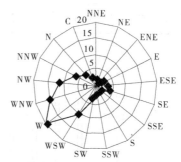

图 9-36 气象站 2019 年全年风向频率玫瑰图

（2）2019 年气象站 10 m 高度各月风速及风功率密度见表 9-48、图 9-37。

表 9-48 10 m 高度各月风速及风功率密度

月份	1	2	3	4	5	6	7
风速/(m/s)	4.07	3.30	3.27	3.00	3.72	2.33	2.06
风功率密度/(W/m²)	87.29	57.91	59.74	59.45	89.91	24.30	18.00
月份	8	9	10	11	12	平均	
风速/(m/s)	2.36	1.99	2.81	3.25	3.36	2.96	
风功率密度/(W/m²)	22.54	19.94	44.00	66.24	50.78	50.01	

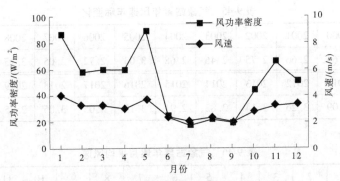

图9-37 10 m高度风速及风功率密度年变化

（3）2019年气象站10 m高度风速频率和风能频率分布见表9-49、图9-38。

表9-49 10 m高度风速频率和风能频率分布

风速段/(m/s)	<0.1	1	2	3	4	5	6
风速频率/%	1.00	21.68	22.51	13.79	11.97	10.33	7.85
风能频率/%	0.00	0.12	1.08	3.03	7.04	12.63	17.16
风速段/(m/s)	7	8	9	10	11	12	13
风速频率/%	5.62	2.96	1.44	0.58	0.18	0.07	0.01
风能频率/%	20.32	16.23	11.45	6.36	2.84	1.43	0.31

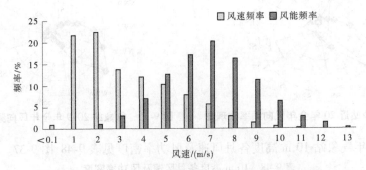

图9-38 10 m高度风速频率和风能频率分布直方图

9.8 翁牛特旗风能资源

翁牛特旗气象站为国家基本气象站（台站号：54213），站址位置东经119.016 7°，北纬42.933 3°；观测场海拔高度634.3 m。

（1）气象站累年（2000—2019年）平均风速及风向见表9-50～表9-52、图9-39、图9-40。

表 9-50 气象站累年风速年际变化

年份	2000	2001	2002	2003	2004	2005	2006	2007	2008	2009	2010
风速/(m/s)	2.48	2.54	2.47	2.77	2.96	3.12	2.96	2.86	3.22	3.2	3.05
年份	2011	2012	2013	2014	2015	2016	2017	2018	2019	平均风速	
风速/(m/s)	2.95	2.84	3.08	2.92	2.93	3.02	2.97	2.95	2.78	2.90	

表 9-51 气象站累年逐月平均风速

月份	1	2	3	4	5	6	7	8	9	10	11	12	平均
风速/(m/s)	2.88	3.02	3.61	3.89	3.58	2.61	2.29	2.05	2.26	2.74	2.88	3	2.90

表 9-52 气象站全年各风向频率统计

风向	NNE	NE	ENE	E	ESE	SE	SSE	S	SSW	SW	WSW	W	WNW	NW	NNW	N	C
近20年风向频率	3.14	2.95	2.16	1.88	1.67	4.4	11.73	12.3	13.56	8.25	5.6	6.68	7.57	6.27	3.81	3.79	3.62
2019年风向频率	2.16	3.08	1.66	1.91	1.66	3.16	9.41	20.16	9.25	8.83	5.41	7.25	6.41	7.83	4	5.08	1.5

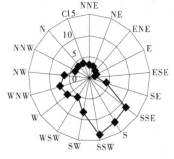

图 9-39 气象站近 20 年全年风向频率玫瑰图

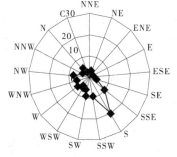

图 9-40 气象站 2019 年全年风向频率玫瑰图

（2）2019 年气象站 10 m 高度各月风速及风功率密度见表 9-53、图 9-41。

表 9-53 10 m 高度各月风速及风功率密度

月份	1	2	3	4	5	6	7
风速/(m/s)	3.29	2.74	3.28	3.56	3.87	2.45	2.02
风功率密度/(W/m²)	57.02	28.42	46.96	75.13	77.81	21.41	15.17
月份	8	9	10	11	12	平均	
风速/(m/s)	2.24	2.14	2.58	2.80	2.44	2.78	
风功率密度/(W/m²)	15.35	14.20	23.00	40.61	23.27	36.53	

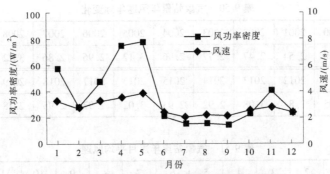

图 9-41　10 m 高度风速及风功率密度年变化

（3）2019 年气象站 10 m 高度风速频率和风能频率分布见表 9-54、图 9-42。

表 9-54　10 m 高度风速频率和风能频率分布

风速段/(m/s)	<0.1	1	2	3	4	5	6	7
风速频率/%	1.79	11.36	30.01	20.95	14.47	9.60	5.62	3.13
风能频率/%	0.00	0.10	2.21	6.09	11.31	15.69	16.65	15.15
风速段/(m/s)	8	9	10	11	12	13	14	
风速频率/%	1.50	1.02	0.37	0.09	0.07	0.02	0.01	
风能频率/%	11.15	11.04	5.55	1.92	1.72	0.82	0.59	

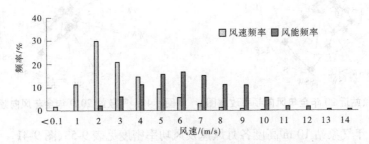

图 9-42　10 m 高度风速频率和风能频率分布直方图

9.9　喀喇沁旗风能资源

喀喇沁旗气象站为国家基本气象站（台站号：54313），站址位置东经 118.7°，北纬 41.933 3°；观测场海拔高度 733.7 m。

（1）气象站累年（2000—2019 年）平均风速及风向见表 9-55 ~ 表 9-57、图 9-43、图 9-44。

表 9-55 气象站累年风速年际变化

年份	2000	2001	2002	2003	2004	2005	2006	2007	2008	2009	2010
风速/(m/s)	1.51	1.48	1.93	1.77	1.81	1.77	2.19	1.99	2.08	2.13	2.06
年份	2011	2012	2013	2014	2015	2016	2017	2018	2019	平均风速	
风速/(m/s)	1.92	1.93	1.91	1.87	1.82	1.88	1.87	1.92	1.87	1.88	

表 9-56 气象站累年逐月平均风速

月份	1	2	3	4	5	6	7	8	9	10	11	12	平均
风速/(m/s)	1.8	1.92	2.23	2.53	2.21	1.7	1.54	1.48	1.6	1.79	1.94	1.85	1.88

表 9-57 气象站全年各风向频率统计

风向	NNE	NE	ENE	E	ESE	SE	SSE	S	SSW	SW	WSW	W	WNW	NW	NNW	N	C
近20年风向频率	5.6	6.5	1.4	1.4	1.5	2.9	4.2	8.9	12.1	18.4	9.0	5.7	2.7	2.5	1.8	3.2	11.6
2019年风向频率	5.4	9.1	1.7	1.0	1.4	2.6	4.8	8.2	16.2	16.4	14.3	6.7	3.1	2.3	1.8	2.1	2.2

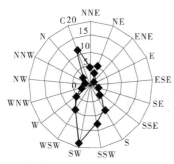

图 9-43 气象站近 20 年全年风向频率玫瑰图

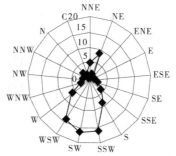

图 9-44 气象站 2019 年全年风向频率玫瑰图

（2）2019 年气象站 10 m 高度各月风速及风功率密度见表 9-58、图 9-45。

表 9-58 10 m 高度各月风速及风功率密度

月份	1	2	3	4	5	6	7
风速/(m/s)	1.94	1.70	2.14	2.30	2.26	1.81	1.68
风功率密度/(W/m²)	9.49	5.91	12.71	16.09	16.12	7.69	5.44
月份	8	9	10	11	12	平均	
风速/(m/s)	1.58	1.46	1.71	1.94	1.86	1.87	
风功率密度/(W/m²)	5.43	3.89	6.66	11.30	7.98	9.06	

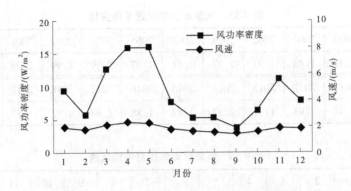

图 9-45　10 m 高度风速及风功率密度年变化图

（3）2019 年气象站 10 m 高度风速频率和风能频率分布见表 9-59、图 9-46。

表 9-59　10 m 高度风速频率和风能频率分布

风速段/(m/s)	<0.1	1	2	3	4	5	6	7	8
风速频率/%	0.83	21.64	42.23	21.16	10.15	3.01	0.80	0.10	0.07
风能频率/%	0.00	0.86	10.89	24.79	30.73	19.31	9.33	1.92	2.18

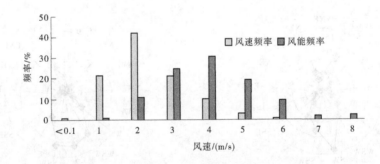

图 9-46　10 m 高度风速频率和风能频率分布直方图

9.10　敖汉旗风能资源

9.10.1　敖汉旗气象站

敖汉旗气象站为国家基本气象站（台站号：54225），站址位置东经 119.943 6°，北纬 42.293 9°；观测场海拔高度 579.4 m。

（1）气象站累年（2000—2019 年）平均风速及风向见表 9-60～表 9-62、图 9-47、图 9-48。

表 9-60　气象站累年风速年际变化表

年份	2000	2001	2002	2003	2004	2005	2006	2007	2008	2009	2010
风速/(m/s)	3.4	3.48	3.33	3.61	3.59	3.58	3.39	3.33	3.5	3.62	3.4
年份	2011	2012	2013	2014	2015	2016	2017	2018	2019	平均风速	
风速/(m/s)	3.23	3.2	3.23	3.12	3.23	3.24	3.29	3.22	3.11	3.36	

表 9-61　气象站累年逐月平均风速

月份	1	2	3	4	5	6	7	8	9	10	11	12	平均
风速/(m/s)	3.07	3.32	3.91	4.39	4	3.19	2.93	2.61	2.82	3.33	3.42	3.29	3.36

表 9-62　气象站全年各风向频率统计

风向	NNE	NE	ENE	E	ESE	SE	SSE	S	SSW	SW	WSW	W	WNW	NW	NNW	N	C
近 20 年风向频率	3.8	2.9	1.9	1.8	1.9	2.8	6.5	11.6	20.5	8.2	3.0	3.4	5.9	8.9	7.2	4.2	5.1
2019 年风向频率	3.6	3.3	2.4	2.3	2.7	5.4	11.2	9.9	13.2	13.3	3.3	2.9	4.6	8.0	6.4	5.5	0.7

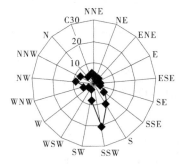 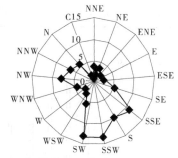

图 9-47　气象站近 20 年全年风向频率玫瑰图　　图 9-48　气象站 2019 年全年风向频率玫瑰图

（2）2019 年气象站 10 m 高度各月风速及风功率密度见表 9-63、图 9-49。

表 9-63　10 m 高度各月风速及风功率密度

月份	1	2	3	4	5	6	7
风速/(m/s)	3.11	2.81	3.60	4.10	4.55	3.06	2.54
风功率密度/(W/m²)	45.56	36.70	65.11	119.93	124.01	43.23	21.72
月份	8	9	10	11	12	平均	
风速/(m/s)	2.20	2.18	2.82	3.39	2.96	3.11	
风功率密度/(W/m²)	17.28	14.71	31.84	81.68	42.05	53.65	

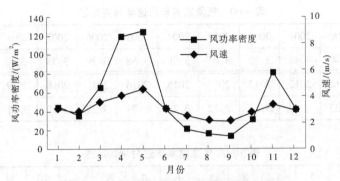

图 9-49　10 m 高度风速及风功率密度年变化

（3）2019 年气象站 10 m 高度风速频率和风能频率分布见表 9-64、图 9-50。

表 9-64　10 m 高度风速频率和风能频率分布

风速段/（m/s）	<0.1	1	2	3	4	5	6	7	8
风速频率/%	0.26	11.74	27.50	19.26	13.76	10.73	6.92	4.21	2.74
风能频率/%	0.00	0.08	1.36	3.82	7.44	12.13	14.14	14.07	14.02

风速段/（m/s）	9	10	11	12	13	14	15	>15
风速频率/%	1.36	0.82	0.41	0.15	0.01	0.06	0.01	0.07
风能频率/%	10.05	8.48	5.75	2.70	0.29	1.63	0.41	3.64

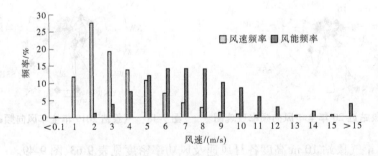

图 9-50　10 m 高度风速频率和风能频率分布直方图

9.10.2　敖汉旗宝国吐气象站

敖汉旗气象站为国家基本气象站（台站号：54226），站址位置东经 120.7°，北纬 42.333 3°；观测场海拔高度 400.5 m。

（1）气象站累年（2000—2019 年）平均风速及风向见表 9-65 ～ 表 9-67、图 9-51、图 9-52。

表 9-65　气象站累年风速年际变化

年份	2000	2001	2002	2003	2004	2005	2006	2007	2008	2009	2010
风速/(m/s)	2.73	2.71	2.96	2.92	2.8	2.67	2.4	2.42	2.54	2.57	2.5
年份	2011	2012	2013	2014	2015	2016	2017	2018	2019	平均风速	
风速/(m/s)	2.44	2.47	2.53	2.47	2.65	2.78	2.89	2.85	2.80	2.66	

表 9-66　气象站累年逐月平均风速

月份	1	2	3	4	5	6	7	8	9	10	11	12	平均
风速/(m/s)	2.82	2.88	3.26	3.49	3.11	2.4	2.22	1.84	1.91	2.41	2.65	2.89	2.66

表 9-67　气象站全年各风向频率统计

风向	NNE	NE	ENE	E	ESE	SE	SSE	S	SSW	SW	WSW	W	WNW	NW	NNW	N	C
近20年风向频率	4.1	2.9	1.6	1.8	2.1	4.6	7.7	9.4	3.9	3.6	2.3	4.0	7.2	12.7	10.4	9.9	11.6
2019年风向频率	4.0	1.8	1.3	1.4	1.8	5.7	12.9	7.9	3.2	2.7	2.8	3.2	8.7	14.7	13.7	9.1	4.2

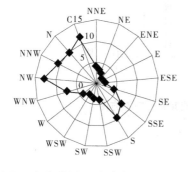

图 9-51　气象站近 20 年全年风向频率玫瑰图　　图 9-52　气象站 2019 年全年风向频率玫瑰图

（2）2019 年气象站 10 m 高度各月风速及风功率密度见表 9-68、图 9-53。

表 9-68　10 m 高度各月风速及风功率密度

月份	1	2	3	4	5	6	7
风速/(m/s)	2.92	2.86	3.42	3.60	4.00	2.75	2.07
风功率密度/(W/m²)	43.86	33.21	56.34	64.80	84.42	31.98	14.39
月份	8	9	10	11	12	平均	
风速(m/s)	2.33	1.85	2.57	2.71	2.38	2.79	
风功率密度/(W/m²)	19.30	13.25	30.46	35.72	25.79	37.79	

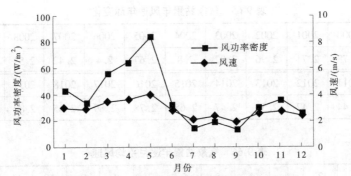

图 9-53　10 m 高度风速及风功率密度年变化

（3）2019 年气象站 10 m 高度风速频率和风能频率分布见表 9-69、图 9-54。

表 9-69　10 m 高度风速频率和风能频率分布

风速段/(m/s)	<0.1	1	2	3	4	5	6	7	8	9	10	11
风速频率/%	2.49	20.48	20.67	16.10	14.12	11.84	7.49	4.10	1.84	0.62	0.17	0.09
风能频率/%	0.00	0.15	1.34	4.74	10.92	18.74	21.22	19.19	13.15	6.41	2.38	1.76

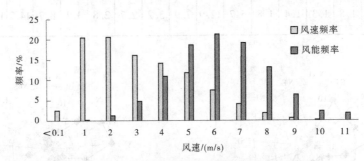

图 9-54　10 m 高度风速频率和风能频率分布直方图

10 通辽市风能资源

10.1 通辽风能资源

通辽气象站为国家基本气象站（台站号：54135），站址位置东经 122.266 7°，北纬 43.6°；观测场海拔高度 178.7 m。

（1）气象站累年（2000—2019 年）平均风速及风向见表 10-1～表 10-3、图 10-1、图 10-2。

表 10-1　气象站累年风速年际变化

年份	2000	2001	2002	2003	2004	2005	2006	2007	2008	2009	2010
风速/(m/s)	3.71	3.66	3.53	3.46	3.52	3.1	2.98	2.94	3.02	3.07	3.09
年份	2011	2012	2013	2014	2015	2016	2017	2018	2019	平均风速	
风速/(m/s)	2.84	2.77	2.83	2.27	2.37	2.52	2.57	2.59	2.48	2.97	

表 10-2　气象站累年逐月平均风速

月份	1	2	3	4	5	6	7	8	9	10	11	12	平均
风速/(m/s)	2.62	2.99	3.48	3.77	3.61	2.88	2.69	2.48	2.58	2.9	2.86	2.73	2.97

表 10-3　气象站全年各风向频率统计

风向	NNE	NE	ENE	E	ESE	SE	SSE	S	SSW	SW	WSW	W	WNW	NW	NNW	N	C
近 20 年风向频率	4.3	4.0	3.0	3.1	2.8	3.5	7.6	9.4	7.9	5.4	6.5	10.7	12.8	7.9	4.6	4.3	1.9
2019 年风向频率	3.9	3.6	2.8	2.8	2.0	4.3	7.7	8.7	5.8	6.7	10.3	17.4	9.0	4.6	3.7	4.9	0.8

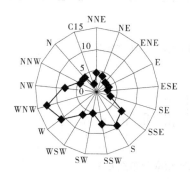

图 10-1　气象站近 20 年全年风向频率玫瑰图

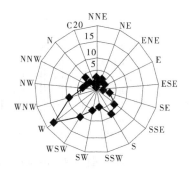

图 10-2　气象站 2019 年全年风向频率玫瑰图

（2）2019 年气象站 10 m 高度各月风速及风功率密度见表 10-4、图 10-3。

表 10-4　10 m 高度各月风速及风功率密度

月份	1	2	3	4	5	6	7
风速/(m/s)	2.40	2.26	2.81	2.96	3.33	2.54	2.07
风功率密度/(W/m²)	16.61	11.54	25.58	30.06	39.73	19.82	10.46
月份	8	9	10	11	12	平均	
风速/(m/s)	2.18	2.04	2.52	2.60	2.01	2.48	
风功率密度/(W/m²)	11.68	9.95	19.00	21.11	8.41	18.66	

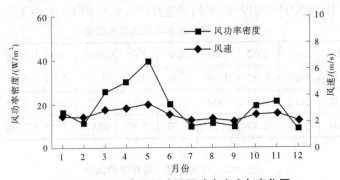

图 10-3　10 m 高度风速及风功率密度年变化图

（3）2019 年气象站 10 m 高度风速频率和风能频率分布见表 10-5、图 10-4。

表 10-5　10 m 高度风速频率和风能频率分布

风速段/(m/s)	<0.1	1	2	3	4	5	6	7
风速频率/%	0.27	6.54	24.27	24.52	17.08	11.31	7.16	4.30
风能频率/%	0.00	0.05	1.38	5.58	10.20	14.05	16.39	15.98
风速段/(m/s)	8	9	10	11	12	13	14	
风速频率/%	2.64	1.16	0.39	0.16	0.11	0.05	0.03	
风能频率/%	15.22	9.64	4.34	2.51	2.37	1.19	1.10	

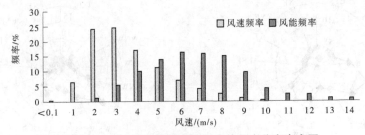

图 10-4　10 m 高度风速频率和风能频率分布直方图

10.2　霍林郭勒市风能资源

霍林郭勒气象站为国家基本气象站(台站号:50924),站址位置东经 119.65°,北纬 45.549 7°;观测场海拔高度 860 m。

(1)气象站累年(2000—2019 年)平均风速及风向见表 10-6 ~ 表 10-8、图 10-5、图 10-6。

表 10-6　气象站累年风速年际变化

年份	2000	2001	2002	2003	2004	2005	2006	2007	2008	2009	2010
风速/(m/s)							3.82	3.8	3.67	3.6	3.61
年份	2011	2012	2013	2014	2015	2016	2017	2018	2019	平均风速	
风速/(m/s)	3.27	3.27	3.31	2.94	3.25	3.4	3.69	3.6	3.55	3.48	

表 10-7　气象站累年逐月平均风速

月份	1	2	3	4	5	6	7	8	9	10	11	12	平均
风速/(m/s)	3.61	3.72	3.89	4.14	4.18	3.14	2.76	2.8	2.91	3.4	3.56	3.65	3.48

表 10-8　气象站全年各风向频率统计

风向	NNE	NE	ENE	E	ESE	SE	SSE	S	SSW	SW	WSW	W	WNW	NW	NNW	N	C
近 20 年风向频率	3.1	3.8	4.2	3.8	2.1	2.5	2.3	2.4	4.3	8.5	10.0	11.8	13.7	13.3	5.7	4.2	3.8
2019 年风向频率	4.0	4.5	4.1	3.7	3.4	4.0	3.7	5.2	5.3	7.9	8.5	10.6	11.9	10.5	6.5	3.9	1.9

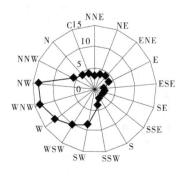

图 10-5　气象站近 20 年全年风向频率玫瑰图　　图 10-6　气象站 2019 年全年风向频率玫瑰图

(2)2019 年气象站 10 m 高度各月风速及风功率密度见表 10-9、图 10-7。

表 10-9　10 m 高度各月风速及风功率密度

月份	1	2	3	4	5	6	7
风速/(m/s)	4.54	3.64	3.88	4.07	4.54	3.13	2.36
风功率密度/(W/m²)	113.54	64.07	81.14	98.56	139.41	41.71	22.04
月份	8	9	10	11	12	平均	
风速/(m/s)	2.78	2.73	3.61	3.80	3.52	3.55	
风功率密度/(W/m²)	32.69	40.45	66.00	80.14	64.72	70.37	

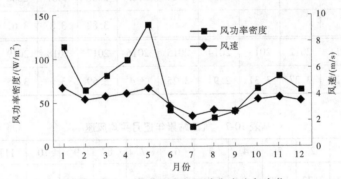

图 10-7　10 m 高度风速及风功率密度年变化

（3）2019 年气象站 10m 高度风速频率和风能频率分布见表 10-10、图 10-8。

表 10-10　10 m 高度风速频率和风能频率分布

风速段（m/s）	<0.1	1	2	3	4	5	6	7
风速频率/%	2.19	12.90	16.72	14.98	14.76	12.82	10.23	7.26
风能频率/%	0.00	0.05	0.59	2.42	6.20	11.11	16.10	18.49
风速段/(m/s)	8	9	10	11	12	13	14	
风速频率/%	4.30	2.18	1.00	0.42	0.18	0.02	0.02	
风能频率/%	16.84	12.30	7.88	4.54	2.54	0.43	0.50	

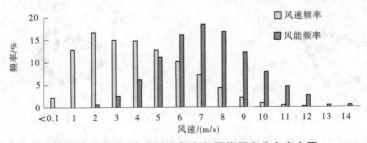

图 10-8　10 m 高度风速频率和风能频率分布直方图

10.3 开鲁县风能资源

开鲁县气象站为国家基本气象站(台站号:54134),站址位置东经 121.283 3°,北纬 43.6°;观测场海拔高度 241 m。

(1)气象站累年(2000—2019 年)平均风速及风向见表 10-11 ~ 表 10-13、图 10-9、图 10-10。

表 10-11　气象站累年风速年际变化

年份	2000	2001	2002	2003	2004	2005	2006	2007	2008	2009	2010
风速/(m/s)	3.63	3.81	3.82	3.69	3.78	3.4	3.17	3.19	3.15	3.27	3.08

年份	2011	2012	2013	2014	2015	2016	2017	2018	2019	平均风速	
风速/(m/s)	3.08	3.07	3.24	2.89	2.96	3.17	3.29	3.3	3.21	3.31	

表 10-12　气象站累年逐月平均风速

月份	1	2	3	4	5	6	7	8	9	10	11	12	平均
风速/(m/s)	3.14	3.5	3.97	4.32	4.03	3.04	2.64	2.53	2.74	3.25	3.27	3.31	3.31

表 10-13　气象站全年各风向频率统计

风向	NNE	NE	ENE	E	ESE	SE	SSE	S	SSW	SW	WSW	W	WNW	NW	NNW	N	C
近20年风向频率	5.0	3.9	2.3	2.5	2.3	4.3	7.0	8.3	6.8	7.1	7.2	8.8	10.2	11.0	6.3	5.2	1.3
2019年风向频率	5.1	4.1	1.6	1.7	1.7	3.8	5.2	10.0	7.7	9.8	8.3	9.4	10.2	9.4	5.3	5.5	0.4

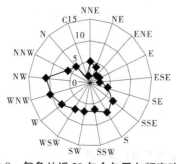

图 10-9　气象站近 20 年全年风向频率玫瑰图

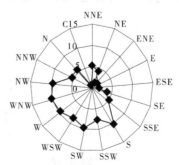

图 10-10　气象站 2019 年全年风向频率玫瑰图

（2）2019 年气象站 10 m 高度各月风速及风功率密度见表 10-14、图 10-11。

表 10-14　10 m 高度各月风速及风功率密度

月份	1	2	3	4	5	6	7
风速/(m/s)	3.39	2.99	3.90	4.03	4.57	3.15	2.36
风功率密度/(W/m²)	54.12	34.57	70.81	84.14	116.38	37.85	16.22
月份	8	9	10	11	12	平均	
风速/(m/s)	2.60	2.44	3.31	3.16	2.64	3.21	
风功率密度/(W/m²)	20.36	18.62	47.84	48.08	26.83	47.99	

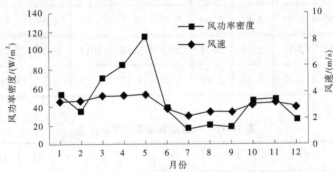

图 10-11　10 m 高度风速及风功率密度年变化

（3）2019 年气象站 10 m 高度风速频率和风能频率分布见表 10-15、图 10-12。

表 10-15　10 m 高度风速频率和风能频率分布

风速段/(m/s)	<0.1	1	2	3	4	5	6	7
风速频率/%	0.27	6.54	24.27	24.52	17.08	11.31	7.16	4.30
风能频率/%	0.00	0.05	1.38	5.58	10.20	14.05	16.39	15.98
风速段/(m/s)	8	9	10	11	12	13	14	
风速频率/%	2.64	1.16	0.39	0.16	0.11	0.05	0.03	
风能频率/%	15.22	9.64	4.34	2.51	2.37	1.19	1.10	

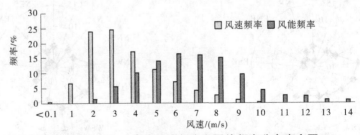

图 10-12　10 m 高度风速频率和风能频率分布直方图

10.4 库伦旗风能资源

库伦旗气象站为国家基本气象站(台站号:54234),站址位置东经 121.75°,北纬 42.733 3°;观测场海拔高度 297.8 m。

(1)气象站累年(2000—2019 年)平均风速及风向见表 10-16 ~ 表 10-18、图 10-13、图 10-14。

表 10-16 气象站累年风速年际变化

年份	2000	2001	2002	2003	2004	2005	2006	2007	2008	2009	2010
风速/(m/s)	3.42	3.38	3.56	3.45	3.72	3.72	3.39	3.32	3.43	3.46	3.37
年份	2011	2012	2013	2014	2015	2016	2017	2018	2019	平均风速	
风速/(m/s)	3.29	3.24	3.26	2.76	2.99	3.06	3.08	3	3.02	3.30	

表 10-17 气象站累年逐月平均风速

月份	1	2	3	4	5	6	7	8	9	10	11	12	平均
风速/(m/s)	3.35	3.5	3.76	4.07	3.71	3.04	2.92	2.61	2.7	3.15	3.28	3.44	3.30

表 10-18 气象站全年各风向频率统计

风向	NNE	NE	ENE	E	ESE	SE	SSE	S	SSW	SW	WSW	W	WNW	NW	NNW	N	C
近 20 年风向频率	3.6	2.6	2.1	1.9	3.2	5.1	6.5	8.2	6.7	4.2	4.6	5.2	11.0	15.1	12.3	5.1	2.0
2019 年风向频率	3.2	2.1	1.3	1.6	3.9	6.2	5.2	8.4	6.3	3.8	5.9	7.5	14.0	15.2	10.3	2.8	1.0

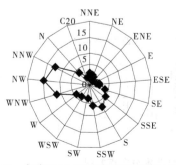

图 10-13 气象站近 20 年全年风向频率玫瑰图

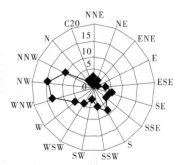

图 10-14 气象站 2019 年全年风向频率玫瑰图

（2）2019 年气象站 10 m 高度各月风速及风功率密度见表 10-19、图 10-15。

表 10-19　10 m 高度各月风速及风功率密度

月份	1	2	3	4	5	6	7
风速/(m/s)	3.25	3.05	3.34	3.64	3.97	2.86	2.58
风功率密度/(W/m²)	43.40	32.47	48.60	57.93	69.79	28.90	20.36
月份	8	9	10	11	12	平均	
风速/(m/s)	2.51	2.31	2.78	3.20	2.59	3.01	
风功率密度/(W/m²)	18.88	18.23	28.75	51.64	22.34	36.77	

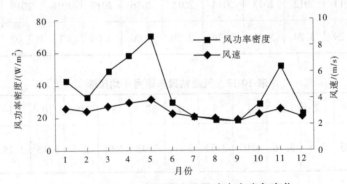

图 10-15　10 m 高度风速及风功率密度年变化

（3）2019 年气象站 10 m 高度风速频率和风能频率分布见表 10-20、图 10-16。

表 10-20　10 m 高度风速频率和风能频率分布

风速段/(m/s)	<0.1	1	2	3	4	5	6	7	8	9	10	11	12
风速频率/%	0.49	8.36	24.00	24.36	19.34	11.54	6.15	3.39	1.48	0.58	0.24	0.06	0.01
风能频率/%	0.00	0.08	1.75	7.32	15.10	18.72	18.07	16.48	10.98	6.38	3.61	1.19	0.32

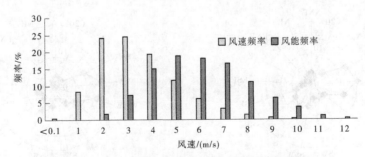

图 10-16　10 m 高度风速频率和风能频率分布直方图

10.5 奈曼旗风能资源

10.5.1 奈曼旗气象站

奈曼气象站为国家基本气象站(台站号:54223),站址位置东经 120.65°,北纬 42.85°;观测场海拔高度 362.9 m。

(1)气象站累年(2000—2019 年)平均风速及风向见表 10-21 ~ 表 10-23、图 10-17、图 10-18。

表 10-21　气象站累年风速年际变化

年份	2000	2001	2002	2003	2004	2005	2006	2007	2008	2009	2010
风速/(m/s)	3.17	3.24	3.35	3.45	3.38	3.5	3.38	2.93	3.13	3.19	3.08

年份	2011	2012	2013	2014	2015	2016	2017	2018	2019	平均风速	
风速/(m/s)	2.92	2.95	3.08	2.79	2.77	2.84	2.9	2.98	2.8	3.09	

表 10-22　气象站累年逐月平均风速

月份	1	2	3	4	5	6	7	8	9	10	11	12	平均
风速/(m/s)	2.83	3.09	3.56	3.96	3.75	3.02	2.77	2.55	2.67	2.93	2.99	2.99	3.09

表 10-23　气象站全年各风向频率统计

风向	NNE	NE	ENE	E	ESE	SE	SSE	S	SSW	SW	WSW	W	WNW	NW	NNW	N	C
近20年风向频率	3.6	2.6	2.6	2.6	2.1	3.1	10.5	12.1	6.4	6.5	6.1	8.4	10.8	9.1	6.8	5.0	1.1
2019年风向频率	2.8	2.6	1.8	2.2	1.4	3.9	13.6	9.0	7.6	6.4	7.1	10.8	10.5	7.9	6.9	3.7	1.1

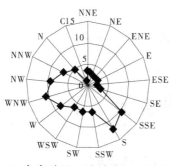

图 10-17　气象站近 20 年全年风向频率玫瑰图

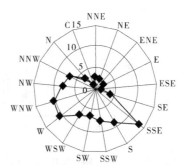

图 10-18　气象站 2019 年全年风向频率玫瑰图

（2）2019年气象站10 m高度各月风速及风功率密度见表10-24、图10-19。

表10-24　10 m高度各月风速及风功率密度

月份（月）	1	2	3	4	5	6	7
风速/(m/s)	2.97	2.65	3.27	3.45	3.94	2.69	2.25
风功率密度/(W/m²)	39.54	24.24	44.78	58.10	78.63	22.48	14.75
月份	8	9	10	11	12	平均	
风速/(m/s)	2.37	2.27	2.64	2.82	2.38	2.81	
风功率密度/(W/m²)	16.40	14.86	26.51	36.26	18.20	32.90	

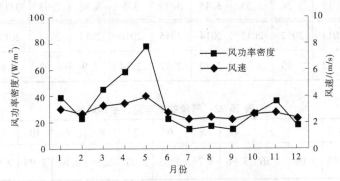

图10-19　10 m高度风速及风功率密度年变化

（3）2019年气象站10 m高度风速频率和风能频率分布见表10-25、图10-20。

表10-25　10 m高度风速频率和风能频率分布

风速段/(m/s)	<0.1	1	2	3	4	5	6	7	8	9	10	11	12	13
风速频率/%	0.72	9.06	28.81	25.57	16.32	9.16	5.33	2.81	1.14	0.59	0.30	0.13	0.05	0.01
风能频率/%	0.00	0.10	2.40	8.34	14.11	16.43	17.56	14.93	9.44	7.17	4.89	2.86	1.38	0.40

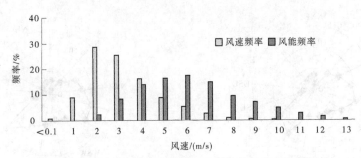

图10-20　10 m高度风速频率和风能频率分布直方图

10.5.2 奈曼旗青龙山气象站

奈曼旗青龙山气象站为国家基本气象站(台站号:54132),站址位置东经121.066 7°,北纬42.4°;观测场海拔高度400 m。

(1)气象站累年(2000—2019 年)平均风速及风向见表 10-26~表 10-28、图 10-21、图 10-22。

表 10-26　气象站累年风速年际变化

年份	2000	2001	2002	2003	2004	2005	2006	2007	2008	2009	2010
风速/(m/s)	3.14	3.01	3.13	3.11	3.16	3.28	3.07	2.93	2.91	3.08	2.91

年份	2011	2012	2013	2014	2015	2016	2017	2018	2019	平均风速	
风速/(m/s)	2.93	2.96	3.03	2.62	2.6	3.08	3.23	3.07	3.1	3.02	

表 10-27　气象站累年逐月平均风速

月份	1	2	3	4	5	6	7	8	9	10	11	12	平均
风速/(m/s)	3.26	3.28	3.67	3.81	3.34	2.61	2.39	2.23	2.46	2.85	3.04	3.26	3.02

表 10-28　气象站全年各风向频率统计

风向	NNE	NE	ENE	E	ESE	SE	SSE	S	SSW	SW	WSW	W	WNW	NW	NNW	N	C
近 20 年风向频率	10.5	10.8	3.5	1.8	2.1	3.8	9.0	9.2	4.5	2.2	1.8	3.3	8.5	10.3	9.0	4.7	5.0
2019 年风向频率	11.7	13.2	3.0	1.4	1.7	3.4	9.2	9.8	4.1	1.8	1.7	3.5	9.3	11.7	8.2	4.7	1.1

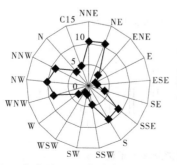

图 10-21　气象站近 20 年全年风向频率玫瑰图

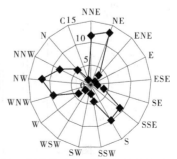

图 10-22　气象站 2019 年全年风向频率玫瑰图

（2）2019 年气象站 10 m 高度各月风速及风功率密度见表 10-29、图 10-23。

表 10-29　10 m 高度各月风速及风功率密度

月份	1	2	3	4	5	6	7
风速/(m/s)	3.21	3.27	3.71	3.70	3.81	2.66	2.15
风功率密度/(W/m²)	47.53	44.59	62.77	63.27	68.39	22.03	11.12
月份	8	9	10	11	12	平均	
风速/(m/s)	2.53	2.46	3.04	3.18	2.87	3.05	
风功率密度/(W/m²)	29.44	18.11	36.95	45.32	32.20	40.14	

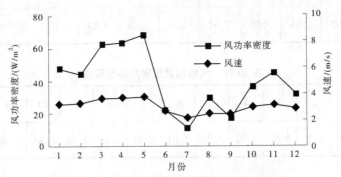

图 10-23　10 m 高度风速及风功率密度年变化

（3）2019 年气象站 10 m 高度风速频率和风能频率分布见表 10-30、图 10-23。

表 10-30　10 m 高度风速频率和风能频率分布

风速段/(m/s)	<0.1	1	2	3	4	5	6	7	8	9	10	11	12
风速频率/%	0.38	9.19	23.62	24.98	17.09	10.50	6.79	4.46	1.89	0.72	0.27	0.09	0.01
风能频率/%	0.00	0.07	1.62	6.79	12.04	15.67	18.67	19.65	12.71	7.03	3.74	1.72	0.29

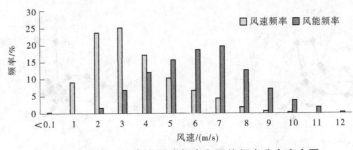

图 10-24　10 m 高度风速频率和风能频率分布直方图

10.6 扎鲁特旗风能资源

10.6.1 扎鲁特旗气象站

扎鲁特旗气象站为国家基本气象站(台站号:54026),站址位置东经120.9°,北纬44.566 7°;观测场海拔高度265 m。

(1)气象站累年(2000—2019年)平均风速及风向见表10-31~表10-33、图10-25、图10-26。

表 10-31 气象站累年风速年际变化

年份	2000	2001	2002	2003	2004	2005	2006	2007	2008	2009	2010
风速/(m/s)	2.43	2.47	2.44	2.32	2.41	2.51	2.2	2.28	2.2	2.18	2.3

年份	2011	2012	2013	2014	2015	2016	2017	2018	2019	平均风速	
风速/(m/s)	2.23	2.08	2.24	2.14	2.23	2.33	2.42	2.33	2.30	2.30	

表 10-32 气象站累年逐月平均风速

月份	1	2	3	4	5	6	7	8	9	10	11	12	平均
风速/(m/s)	2.43	2.56	2.77	2.89	2.71	2.12	1.88	1.78	1.82	2.08	2.22	2.33	2.30

表 10-33 气象站全年各风向频率统计

风向	NNE	NE	ENE	E	ESE	SE	SSE	S	SSW	SW	WSW	W	WNW	NW	NNW	N	C
近20年风向频率	2.6	3.4	4.0	3.7	2.9	3.2	3.2	3.1	3.2	3.4	3.5	9.1	16.1	14.7	13.5	4.1	6.2
2019年风向频率	2.3	3.3	3.4	4.2	2.2	3.2	3.9	3.2	3.5	3.7	4.7	11.6	18.1	14.7	11.9	4.1	1.2

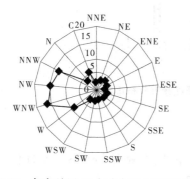

图 10-25 气象站近 20 年全年风向频率玫瑰图

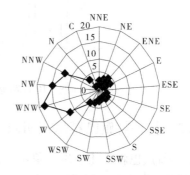

图 10-26 气象站 2019 年全年风向频率玫瑰图

（2）2019年气象站10 m高度各月风速及风功率密度见表10-34、图10-27。

表 10-34　10 m 高度各月风速及风功率密度

月份	1	2	3	4	5	6	7
风速/（m/s）	2.46	2.37	2.61	2.68	2.94	2.29	1.78
风功率密度/（W/m²）	20.14	15.49	20.66	24.77	33.20	14.26	6.52
月份	8	9	10	11	12	平均	
风速/（m/s）	1.99	1.87	2.16	2.32	2.10	2.30	
风功率密度/（W/m²）	9.71	9.98	15.18	20.45	13.65	17.00	

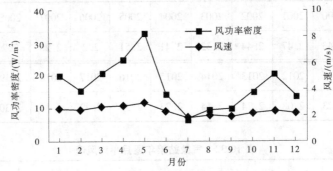

图 10-27　10 m 高度风速及风功率密度年变化

（3）2019年气象站10m高度风速频率和风能频率分布见表10-35、图10-28。

表 10-35　10 m 高度风速频率和风能频率分布

风速段/（m/s）	<0.1	1	2	3	4	5	6	7	8	9
风速频率/%	0.54	15.51	35.23	23.09	14.26	7.34	3.01	0.73	0.22	0.07
风能频率/%	0.00	0.34	5.16	14.48	23.67	25.39	18.71	7.36	3.39	1.51

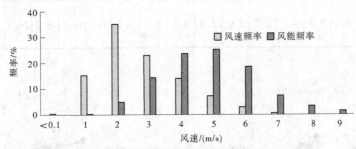

图 10-28　10 m 高度风速频率和风能频率分布直方图

10.6.2　扎鲁特旗巴雅尔吐胡硕气象站

扎鲁特旗巴雅尔吐胡硕气象站为国家基本气象站（台站号：50928），站址位置东经120.333 3°，北纬45.066 7°；观测场海拔高度628.3 m。

(1)气象站累年(2000—2019 年)平均风速及风向见表 10-36 ～ 表 10-38、图 10-29、图 10-30。

表 10-36　气象站累年风速年际变化

年份	2000	2001	2002	2003	2004	2005	2006	2007	2008	2009	2010
风速/(m/s)	3.68	3.58	3.36	3.12	3.47	3.5	3.06	2.86	3.15	3.33	3.24

年份	2011	2012	2013	2014	2015	2016	2017	2018	2019	平均风速	
风速/(m/s)	3.02	2.98	3.11	2.59	2.73	3.2	3.47	3.36	3.43	3.21	

表 10-37　气象站累年逐月平均风速

月份	1	2	3	4	5	6	7	8	9	10	11	12	平均
风速/(m/s)	3.44	3.54	3.89	4.08	3.81	2.72	2.42	2.33	2.62	3.1	3.17	3.42	3.21

表 10-38　气象站全年各风向频率统计

风向	NNE	NE	ENE	E	ESE	SE	SSE	S	SSW	SW	WSW	W	WNW	NW	NNW	N	C
近 20 年风向频率	2.3	4.1	2.8	2.3	1.6	1.8	2.3	5.4	8.3	12.0	8.0	12.4	13.0	10.4	5.0	2.8	5.3
2019 年风向频率	2.3	4.8	2.9	1.6	0.8	1.0	1.8	4.4	9.4	12.8	9.6	11.3	15.0	11.4	6.2	2.8	0.3

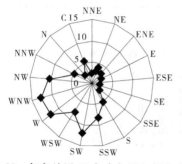

图 10-29　气象站近 20 年全年风向频率玫瑰图　　图 10-30　气象站 2019 年全年风向频率玫瑰图

(2)2019 年气象站 10 m 高度各月风速及风功率密度见表 10-39、图 10-31。

表 10-39　10 m 高度各月风速及风功率密度

月份	1	2	3	4	5	6	7
风速/(m/s)	3.92	3.50	3.82	4.22	4.39	3.09	2.52
风功率密度/(W/m²)	80.89	56.12	67.93	93.52	113.46	36.53	21.96

月份	8	9	10	11	12	平均	
风速/(m/s)	2.68	2.95	3.34	3.65	3.22	3.44	
风功率密度/(W/m²)	27.36	34.78	49.10	71.25	49.43	58.53	

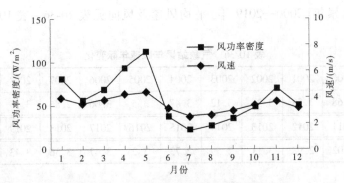
图 10-31 10 m 高度风速及风功率密度年变化

（3）2019 年气象站 10 m 高度风速频率和风能频率分布见表 10-40、图 10-32。

表 10-40 10 m 高度风速频率和风能频率分布

风速段/(m/s)	<0.1	1	2	3	4	5	6	7
风速频率/%	0.10	5.49	23.56	22.66	15.76	12.27	8.39	5.32
风能频率/%	0.00	0.04	1.14	4.13	7.74	12.76	15.62	16.33
风速段/(m/s)	8	9	10	11	12	13	14	
风速频率/%	3.44	1.60	0.96	0.33	0.09	0.01	0.01	
风能频率/%	16.16	10.91	8.89	4.24	1.52	0.25	0.28	

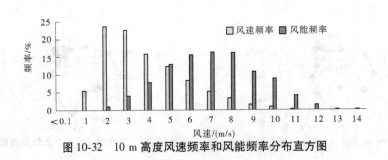
图 10-32 10 m 高度风速频率和风能频率分布直方图

10.7 科尔沁左翼中旗风能资源

10.7.1 科尔沁左翼中旗气象站

科尔沁左翼中旗气象站为国家基本气象站（台站号：54047），站址位置东经 123.283 3°，北纬 44.133 3°；观测场海拔高度 145.8 m。

（1）气象站累年（2000—2019 年）平均风速及风向见表 10-41～表 10-43、图 10-33、图 10-34。

表 10-41　气象站累年风速年际变化

年份	2000	2001	2002	2003	2004	2005	2006	2007	2008	2009	2010
风速/(m/s)	3.45	3.54	3.44	3.28	2.97	3.33	3.18	3.31	3.42	3.43	3.25
年份	2011	2012	2013	2014	2015	2016	2017	2018	2019	平均风速	
风速/(m/s)	3.05	2.96	3.12	2.74	2.87	2.98	3.17	3.08	2.91	3.17	

表 10-42　气象站累年逐月平均风速

月份	1	2	3	4	5	6	7	8	9	10	11	12	平均
风速/(m/s)	2.61	3.13	3.74	4.29	4.03	3.2	2.84	2.56	2.76	3.15	3.04	2.73	3.17

表 10-43　气象站全年各风向频率统计

风向	NNE	NE	ENE	E	ESE	SE	SSE	S	SSW	SW	WSW	W	WNW	NW	NNW	N	C
近20年风向频率	4.3	3.5	2.7	2.2	2.8	5.1	8.2	11.9	9.6	6.1	5.1	7.3	9.7	6.6	5.8	6.5	2.3
2019年风向频率	3.7	2.2	2.3	1.6	1.6	6.7	9.0	13.3	7.8	7.2	4.8	8.2	8.3	8.3	4.9	7.6	1.6

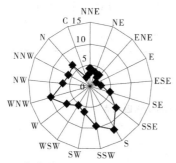

图 10-33　气象站近 20 年全年风向频率玫瑰图

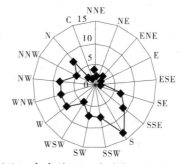

图 10-34　气象站 2019 年全年风向频率玫瑰图

（2）2019 年气象站 10 m 高度各月风速及风功率密度见表 10-44、图 10-35。

表 10-44　10 m 高度各月风速及风功率密度

月份	1	2	3	4	5	6	7
风速/(m/s)	2.92	2.69	3.27	3.92	4.16	2.72	2.23
风功率密度/(W/m²)	38.00	23.13	52.54	85.87	78.93	27.35	13.02
月份	8	9	10	11	12	平均	
风速/(m/s)	2.21	2.15	2.89	3.09	2.40	2.89	
风功率密度/(W/m²)	13.10	14.86	33.25	40.38	16.41	36.40	

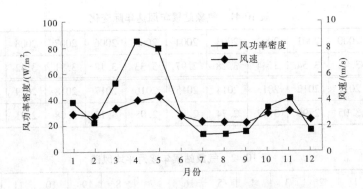

图 10-35　10 m 高度风速及风功率密度年变化

（3）2019 年气象站 10 m 高度风速频率和风能频率分布见表 10-45、图 10-36。

表 10-45　10 m 高度风速频率和风能频率分布

风速段/(m/s)	<0.1	1	2	3	4	5	6
风速频率/%	1.06	8.03	29.02	25.00	15.42	9.37	6.07
风能频率/%	0.00	0.09	2.16	7.32	12.17	15.65	18.19
风速段/(m/s)	7	8	9	10	11	12	13
风速频率/%	3.13	1.76	0.66	0.32	0.08	0.06	0.02
风能频率/%	15.20	13.28	7.14	4.90	1.62	1.51	0.77

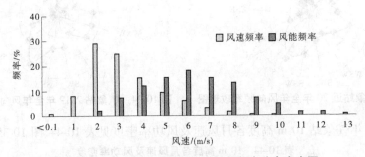

图 10-36　10 m 高度风速频率和风能频率分布直方图

10.7.2　科尔沁左翼中旗舍伯吐气象站

科尔沁左翼中旗舍伯吐气象站为国家基本气象站（台站号：54039），站址位置东经 122.016 7°，北纬 44.033 3°；观测场海拔高度 181.6 m。

（1）气象站累年（2000—2019 年）平均风速及风向见表 10-46～表 10-48、图 10-37、图 10-38。

表 10-46　气象站累年风速年际变化

年份	2000	2001	2002	2003	2004	2005	2006	2007	2008	2009	2010
风速/(m/s)	2.95	2.95	2.97	2.93	3.05	3.1	3.05	3.2	3.51	3.48	3.13
年份	2011	2012	2013	2014	2015	2016	2017	2018	2019	平均风速	
风速/(m/s)	2.91	2.89	3.05	2.6	2.56	3.05	3.21	3.24	3.09	3.05	

表 10-47　气象站累年逐月平均风速

月份	1	2	3	4	5	6	7	8	9	10	11	12	平均
风速/(m/s)	2.65	3.13	3.65	4.03	3.76	2.93	2.61	2.39	2.65	3.07	2.92	2.76	3.05

表 10-48　气象站全年各风向频率统计

风向	NNE	NE	ENE	E	ESE	SE	SSE	S	SSW	SW	WSW	W	WNW	NW	NNW	N	C
近 20 年风向频率	3.2	3.6	3.1	2.6	2.7	3.8	5.6	9.4	6.0	6.6	6.1	8.3	10.5	11.2	7.5	6.1	3.3
2019 年风向频率	2.9	2.9	4.5	2.8	2.0	3.2	4.5	8.3	7.7	6.8	7.8	9.0	10.9	10.8	8.6	5.8	0.7

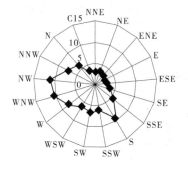
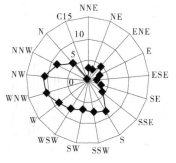

图 10-37　气象站近 20 年全年风向频率玫瑰图　　图 10-38　气象站 2019 年全年风向频率玫瑰图

（2）2019 年气象站 10 m 高度各月风速及风功率密度见表 10-49、图 10-39。

表 10-49　10 m 高度各月风速及风功率密度

月份	1	2	3	4	5	6	7
风速/(m/s)	3.07	2.92	3.48	3.91	4.32	3.27	2.38
风功率密度/(W/m²)	41.22	28.79	51.24	81.75	95.03	43.66	18.62
月份	8	9	10	11	12	平均	
风速/(m/s)	2.57	2.43	3.10	3.12	2.48	3.09	
风功率密度/(W/m²)	20.52	19.81	36.85	49.81	19.50	42.23	

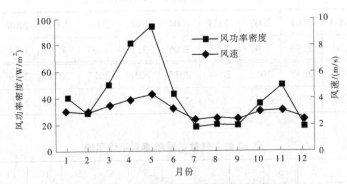

图10-39 10 m高度风速及风功率密度年变化

(3)2019年气象站10 m高度风速频率和风能频率分布见表10-50、图10-40。

表10-50 10 m高度风速频率和风能频率分布

风速段/(m/s)	<0.1	1	2	3	4	5	6	7
风速频率/(%)	0.48	7.19	25.06	24.53	18.11	11.00	6.55	3.64
风能频率/(%)	0.00	0.06	1.64	6.38	12.30	15.62	16.74	15.36
风速段/(m/s)	8	9	10	11	12	13	14	
风速频率/(%)	1.87	0.81	0.51	0.15	0.05	0.03	0.01	
风能频率/%	12.19	7.78	6.71	2.60	1.04	1.08	0.49	

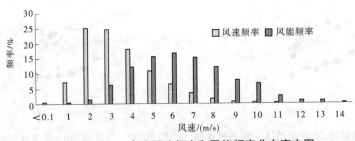

图10-40 10 m高度风速频率和风能频率分布直方图

10.8 科尔沁右翼后旗风能资源

科尔沁右翼后旗气象站为国家基本气象站(台站号:54231),站址位置东经122.366 7°,北纬42.916 7°;观测场海拔高度256.9 m。

(1)气象站累年(2000—2019年)平均风速及风向见表10-51~表10-53、图10-41、图10-42。

表 10-51　气象站累年风速年际变化

年份	2000	2001	2002	2003	2004	2005	2006	2007	2008	2009	2010
风速/(m/s)	3.51	3.38	3.51	3.47	3.42	3.41	3.24	2.93	3.05	3.16	3.05
年份	2011	2012	2013	2014	2015	2016	2017	2018	2019	平均风速	
风速/(m/s)	2.85	2.89	3.01	2.62	2.83	2.72	4.42	4.32	4.26	3.30	

表 10-52　气象站累年逐月平均风速

月份	1	2	3	4	5	6	7	8	9	10	11	12	平均
风速/(m/s)	2.81	3.2	3.68	4.2	3.95	3.4	3.32	2.78	2.93	3.25	3.14	2.95	3.30

表 10-53　气象站全年各风向频率统计

风向	NNE	NE	ENE	E	ESE	SE	SSE	S	SSW	SW	WSW	W	WNW	NW	NNW	N	C
近20年风向频率	4.9	3.3	2.5	2.4	1.8	2.1	3.2	13.5	15.3	6.4	4.3	7.7	11.3	6.3	7.6	5.1	2.0
2019年风向频率	5.2	3.4	1.1	1.2	1.2	1.7	3.3	16.2	17.0	6.4	4.1	5.3	11.0	10.1	6.9	4.8	0.4

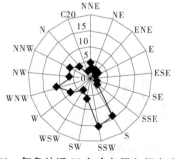

图 10-41　气象站近 20 年全年风向频率玫瑰图

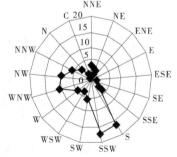

图 10-42　气象站 2019 年全年风向频率玫瑰图

（2）2019 年气象站 10 m 高度各月风速及风功率密度见表 10-54、图 10-43。

表 10-54　10 m 高度各月风速及风功率密度

月份	1	2	3	4	5	6	7
风速/(m/s)	4.10	3.86	4.53	5.18	5.90	4.35	3.87
风功率密度/(W/m²)	79.29	59.98	104.39	180.88	221.01	104.68	70.69
月份	8	9	10	11	12	平均	
风速/(m/s)	3.43	3.58	4.38	4.34	3.55	4.26	
风功率密度/(W/m²)	45.18	59.68	89.24	107.33	50.13	97.71	

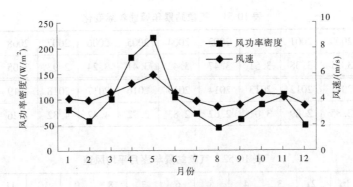

图 10-43　10 m 高度风速及风功率密度年变化

（3）2019 年气象站 10 m 高度风速频率和风能频率分布见表 10-55、图 10-44。

表 10-55　10 m 高度风速频率和风能频率分布

风速段/(m/s)	<0.1	1	2	3	4	5	6	7	8
风速频率/%	0.32	2.81	13.12	18.69	17.26	14.59	12.40	9.04	5.74
风能频率/%	0.00	0.01	0.38	2.15	5.12	9.09	13.85	16.61	16.25
风速段/(m/s)	9	10	11	12	13	14	15	>15	
风速频率/%	2.90	1.52	0.83	0.47	0.19	0.03	0.03	0.06	
风能频率/%	11.62	8.67	6.36	4.76	2.45	0.55	0.66	1.46	

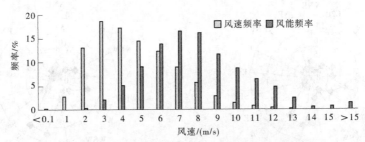

图 10-44　10 m 高度风速频率和风能频率分布直方图

11 呼伦贝尔市风能资源

11.1 海拉尔市风能资源

海拉尔气象站为国家基本气象站(台站号:50527),站址位置东经 119.7°,北纬 49.25°;观测场海拔高度 649.6 m。

(1)气象站累年(2000—2019 年)平均风速及风向见表 11-1~表 11-3、图 11-1、图 11-2。

表 11-1 气象站累年风速年际变化

年份	2000	2001	2002	2003	2004	2005	2006	2007	2008	2009	2010
风速/(m/s)	2.82	3.17	2.73	2.91	3.05	2.1	2.29	2.17	2.21	2.19	2.12
年份	2011	2012	2013	2014	2015	2016	2017	2018	2019	平均风速	
风速/(m/s)	4.28	4.33	4.46	4.11	4.38	4.35	4.59	4.55	4.57	3.37	

表 11-2 气象站累年逐月平均风速

月份	1	2	3	4	5	6	7	8	9	10	11	12	平均
风速/(m/s)	2.65	2.97	3.54	4.29	4.17	3.25	3.12	3.08	3.61	3.72	3.35	2.66	3.37

表 11-3 气象站全年各风向频率统计

风向	NNE	NE	ENE	E	ESE	SE	SSE	S	SSW	SW	WSW	W	WNW	NW	NNW	N	C
近 20 年风向频率	2.4	2.6	3.3	6.7	5.5	4.4	9.4	11.3	6.0	5.7	7.5	8.2	8.1	6.5	5.5	3.2	5.5
2019 年风向频率	1.8	2.5	4.5	7.3	3.5	4.3	12.1	7.8	4.4	6.7	8.7	10.4	8.2	7.5	5.7	3.3	0.1

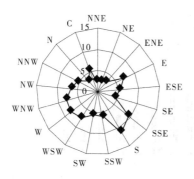

图 11-1 气象站近 20 年全年风向频率玫瑰图

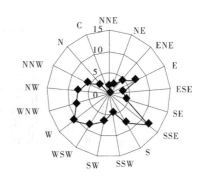

图 11-2 气象站 2019 年全年风向频率玫瑰图

（2）2019年气象站10 m高度各月风速及风功率密度见表11-4、图11-3。

表11-4　10 m高度各月风速及风功率密度

月份	1	2	3	4	5	6	7
风速/(m/s)	4.18	4.40	4.43	5.32	6.12	4.48	3.78
风功率密度/(W/m²)	87.62	88.73	116.34	223.36	305.33	105.37	63.44
月份	8	9	10	11	12	平均	
风速/(m/s)	3.66	5.03	4.98	4.68	3.77	4.57	
风功率密度/(W/m²)	71.34	166.76	140.92	112.11	60.22	128.46	

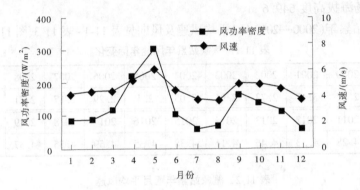

图11-3　10 m高度风速及风功率密度年变化

（3）2019年气象站10 m高度风速频率和风能频率分布见表11-5、图11-4。

表11-5　10 m高度风速频率和风能频率分布

风速段/(m/s)	<0.1	1	2	3	4	5	6	7	8
风速频率/%	0.08	2.92	12.18	17.11	16.23	14.76	11.92	8.93	6.12
风能频率/%	0.00	0.01	0.28	1.51	3.73	7.02	10.18	12.46	13.08
风速段/(m/s)	9	10	11	12	13	14	15	>15	
风速频率/%	3.90	2.61	1.14	0.86	0.56	0.39	0.15	0.14	
风能频率/%	12.15	11.33	6.68	6.61	5.56	4.82	2.24	2.35	

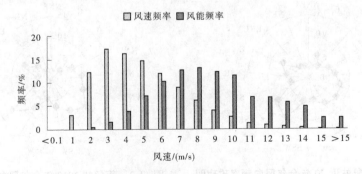

图11-4　10 m高度风速频率和风能频率分布直方图

11.2 满洲里市风能资源

满洲里气象站为国家基本气象站(台站号:50514),站址位置东经117.321°,北纬49.575 8°;观测场海拔高度661.8 m。

(1)气象站多年(2000—2019年)平均风速及风向见表11-6~表11-8、图11-5、图11-6。

表11-6 气象站累年风速年际变化

年份	2000	2001	2002	2003	2004	2005	2006	2007	2008	2009	2010
风速/(m/s)	3.3	3.82	3.44	3.42	3.63	3.66	3.62	3.47	3.47	3.2	4.22
年份	2011	2012	2013	2014	2015	2016	2017	2018	2019	平均风速	
风速/(m/s)	4.11	4.22	4.17	3.76	4.03	4.38	4.62	4.42	4.44	3.87	

表11-7 气象站累年逐月平均风速

月份	1	2	3	4	5	6	7	8	9	10	11	12	平均
风速/(m/s)	3.32	3.64	3.97	4.89	5.03	3.87	3.58	3.57	3.91	3.84	3.53	3.29	3.87

表11-8 气象站全年各风向频率统计

风向	NNE	NE	ENE	E	ESE	SE	SSE	S	SSW	SW	WSW	W	WNW	NW	NNW	N	C
近20年风向频率	2.5	3.1	4.9	5.9	2.8	2.3	3.0	3.6	4.6	9.3	10.7	12.7	13.5	9.4	5.6	3.2	2.7
2019年风向频率	2.3	3.2	3.8	4.5	2.1	1.8	1.9	2.8	3.2	5.1	8.9	14.5	17.8	12.8	8.9	4.8	0.6

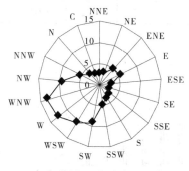

图11-5 气象站近20年全年风向频率玫瑰图

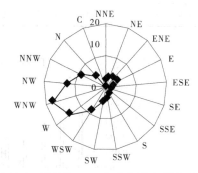

图11-6 气象站2019年全年风向频率玫瑰图

(2)2019年气象站10 m高度各月风速及风功率密度见表11-9、图11-7。

表 11-9　10 m 高度各月风速及风功率密度

月份	1	2	3	4	5	6	7
风速/(m/s)	4.09	4.45	4.15	5.38	6.28	4.16	3.58
风功率密度/(W/m²)	105.54	121.38	107.30	290.24	304.86	112.66	72.02
月份	8	9	10	11	12	平均	
风速/(m/s)	4.28	4.65	4.83	4.17	3.20	4.44	
风功率密度/(W/m²)	121.28	181.63	192.46	131.01	57.89	149.85	

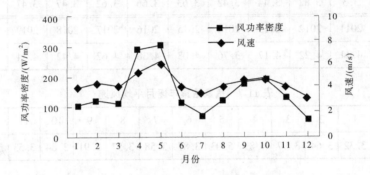

图 11-7　10 m 高度风速及风功率密度年变化

（3）2019 年气象站 10 m 高度风速频率和风能频率分布见表 11-10、图 11-8。

表 11-10　10 m 高度风速频率和风能频率分布

风速段/(m/s)	<0.1	1	2	3	4	5	6	7
风速频率/%	0.01	0.21	0.24	0.13	0.11	0.09	0.07	0.05
风能频率/%	0.00	0.00	0.01	0.02	0.05	0.08	0.12	0.14
风速段/(m/s)	8	9	10	11	12	13	14	15
风速频率/%	0.03	0.02	0.02	0.01	0.00	0.00	0.00	0.00
风能频率/%	0.13	0.13	0.13	0.09	0.06	0.02	0.02	0.01

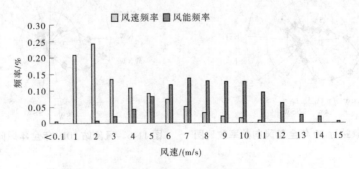

表 11-8　10 m 高度风速频率和风能频率分布直方图

11.3 扎兰屯市风能资源

扎兰屯气象站为国家基本气象站(台站号:50639),站址位置东经 122.733°,北纬48°;观测场海拔高度 306.5 m。

(1)气象站多年(2000—2019 年)平均风速及风向见表 11-11～表 11-13、图 11-9、图 11-10。

表 11-11　气象站累年风速年际变化

年份	2000	2001	2002	2003	2004	2005	2006	2007	2008	2009	2010
风速/(m/s)	2.34	2.5	2.47	2.27	2.16	2.34	2.14	2.08	2.18	2.14	2.17
年份	2011	2012	2013	2014	2015	2016	2017	2018	2019	平均风速	
风速/(m/s)	2.15	2.03	2.03	2.21	2.32	2.31	2.36	2.28	2.27	2.23	

表 11-12　气象站累年逐月平均风速

月份	1	2	3	4	5	6	7	8	9	10	11	12	平均
风速/(m/s)	2.39	2.42	2.68	2.76	2.54	2.11	1.96	1.90	1.93	2.06	1.92	2.14	2.23

表 11-13　气象站全年各风向频率

风向	NNE	NE	ENE	E	ESE	SE	SSE	S	SSW	SW	WSW	W	WNW	NW	NNW	N	C
近 20 年风向频率	5.6	3.3	2.3	2.6	3.2	4.1	4.2	4.0	2.5	2.1	1.8	2.5	4.7	15.1	19.6	11.0	11.5
2019 年风向频率	6.2	2.8	2.2	2.2	2.9	4.4	4.2	4.8	2.8	1.9	1.3	1.9	4.5	13.2	22.9	17.0	3.5

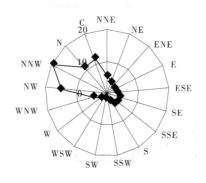

图 11-9　气象站近 20 年全年风向频率玫瑰图　　图 11-10　气象站 2019 年全年风向频率玫瑰图

(2)2019 年气象站 10 m 高度各月风速及风功率密度见表 11-14、图 11-11。

表 11-14   10 m 高度各月风速及风功率密度

月份	1	2	3	4	5	6	7
风速/(m/s)	2.62	2.70	2.53	2.77	2.81	2.12	1.81
风功率密度/(W/m²)	27.75	24.24	21.69	28.70	32.41	11.04	6.59
月份	8	9	10	11	12	平均	
风速/(m/s)	1.92	1.94	2.04	2.13	1.93	2.28	
风功率密度/(W/m²)	7.84	12.55	15.11	15.44	14.18	18.13	

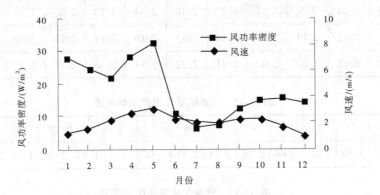

图 11-11   10 m 高度风速及风功率密度年变化

（3）2019 年气象站 10 m 高度风速频率和风能频率分布见表 11-15、图 11-12。

表 11-15   10 m 高度风速频率和风能频率分布

风速段/(m/s)	<0.1	1	2	3	4	5	6	7	8	9
风速频率/%	1.74	18.34	30.94	23.69	13.11	7.51	3.24	1.06	0.27	0.10
风能频率/%	0.00	0.30	4.40	13.80	20.81	24.74	19.41	10.22	4.10	2.22

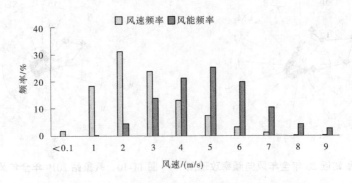

图 11-12   10 m 高度风速频率和风能频率分布直方图

11.4　牙克石市风能资源

11.4.1　牙克石气象站

牙克石气象站为国家基本气象站(台站号:50526),站址位置东经 120.7°,北纬 49.283 3°;观测场海拔高度 668.8 m。

(1)气象站多年(2000—2019 年)平均风速及风向见表 11-16 ~ 表 11-18、图 11-13、图 11-14。

表 11-16　气象站累年风速年际变化

年份	2000	2001	2002	2003	2004	2005	2006	2007	2008	2009	2010
风速(m/s)	2.16	2.37	2.1	2.04	2.12	2.13	2.15	2.02	1.87	2.08	1.92
年份	2011	2012	2013	2014	2015	2016	2017	2018	2019	平均风速	
风速/(m/s)	1.67	1.67	1.77	1.49	1.6	1.99	2.1	2.08	2.03	1.97	

表 11-17　气象站累年逐月平均风速

月份	1	2	3	4	5	6	7	8	9	10	11	12	平均
风速/(m/s)	1.45	1.62	2.20	2.82	2.73	1.85	1.69	1.67	1.96	2.20	1.91	1.52	1.97

表 11-18　气象站全年各风向频率

风向	NNE	NE	ENE	E	ESE	SE	SSE	S	SSW	SW	WSW	W	WNW	NW	NNW	N	C
近 20 年风向频率	2.6	5.2	6.8	4.3	3.6	4.1	2.2	2.4	2.7	8.9	13.3	10.9	5.6	5.5	3.2	2.5	16.2
2019 年风向频率	3.6	4.3	7.3	4.8	2.3	2.2	2.8	3.1	3.7	4.9	13.9	14.7	8.2	7.3	4.8	4.3	6.8

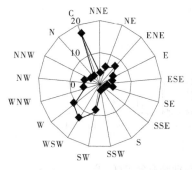

图 11-13　气象站近 20 年全年风向频率玫瑰图　图 11-14　气象站 2019 年全年风向频率玫瑰图

(2)2019 年气象站 10 m 高度各月风速及风功率密度见表 11-19、图 11-15。

表 11-19　10 m 高度各月风速及风功率密度

月份	1	2	3	4	5	6	7
风速/(m/s)	1.85	2.06	2.24	2.78	2.84	1.79	1.48
风功率密度/(W/m²)	15.34	17.12	22.11	42.05	40.08	9.00	5.70

月份	8	9	10	11	12	平均	
风速/(m/s)	1.46	1.99	2.19	2.07	1.60	2.03	
风功率密度/(W/m²)	4.98	18.67	19.15	16.72	7.37	18.19	

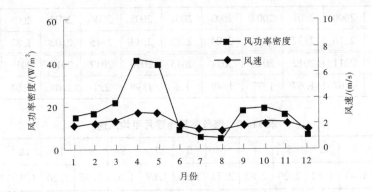

图 11-15　10 m 高度风速频率及风功率密度年变化

(3)2019 年气象站 10 m 高度风速频率和风能频率分布见表 11-20、图 11-16。

表 11-20　10 m 高度风速频率和风能频率分布

风速段/(m/s)	<0.1	1	2	3	4	5	6	7	8	9	10	11
风速频率/%	4.46	27.88	28.87	16.48	10.45	6.34	3.08	1.68	0.45	0.26	0.05	0.01
风能频率/%	0.00	0.41	3.83	9.68	16.49	20.55	18.18	16.31	7.02	5.71	1.32	0.50

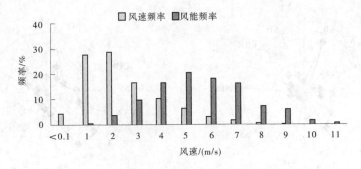

图 11-16　10 m 高度风速频率和风能频率分布直方图

11.4.2 图里河气象站

图里河气象站为国家基本气象站(台站号:50434),站址位置东经121.683°,北纬50.483 3°;观测场海拔高度732.6 m。

(1)气象站多年(2000—2019年)平均风速及风向见表11-21~表11-23、图11-17、图11-18。

表11-21 气象站累年风速年际变化

年份	2000	2001	2002	2003	2004	2005	2006	2007	2008	2009	2010
风速/(m/s)	2.03	2.2	2.06	1.81	1.82	2.25	2.19	2.13	2.19	2.16	2.12
年份	2011	2012	2013	2014	2015	2016	2017	2018	2019	平均风速	
风速/(m/s)	2.07	2.02	2.01	1.96	2.1	1.99	2.14	2.22	2.21	2.08	

表11-22 气象站累年逐月平均风速

月份	1	2	3	4	5	6	7	8	9	10	11	12	平均
风速/(m/s)	1.62	1.80	2.16	2.68	2.79	2.18	1.96	1.92	2.21	2.24	1.84	1.58	2.08

表11-23 气象站全年各风向频率

风向	NNE	NE	ENE	E	ESE	SE	SSE	S	SSW	SW	WSW	W	WNW	NW	NNW	N	C
近20年风向频率	2.8	2.8	3.9	5.4	4.8	5.7	7.3	12.9	8.4	3.4	3.2	5.9	8.3	8.7	4.9	3.3	8.2
2019年风向频率	2.3	2.8	3.8	4.5	3.5	5.4	8.8	13.7	7.1	3.7	4.0	8.4	8.7	9.3	5.9	3.9	3.1

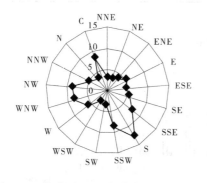

图11-17 气象站近20年全年风向频率玫瑰图　　图11-18 气象站2019年全年风向频率玫瑰图

(2)2019年气象站10 m高度各月风速及风功率密度见表11-24、图11-19。

表 11-24　10 m 高度各月风速及风功率密度

月份	1	2	3	4	5	6	7
风速/(m/s)	1.59	1.92	2.28	3.00	3.36	2.42	1.99
风功率密度/(W/m²)	8.58	13.78	22.52	48.50	62.14	24.29	13.20
月份	8	9	10	11	12	平均	
风速/(m/s)	1.77	2.50	2.34	2.11	1.27	2.21	
风功率密度/(W/m²)	8.74	31.30	27.93	17.26	3.87	23.51	

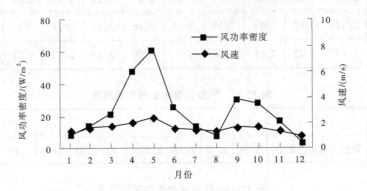

图 11-19　10 m 高度风速及风功率密度年变化

（3）2019 年气象站 10 m 高度风速频率和风能频率分布见表 11-25、图 11-20。

表 11-25　10 m 高度风速频率和风能频率分布

风速段/(m/s)	<0.1	1	2	3	4	5	6	7	8	9	10	11	12
风速频率/%	1.19	27.07	31.36	15.40	10.24	6.66	4.25	2.11	1.14	0.42	0.14	0.02	0.01
风能频率/%	0.00	0.34	3.13	6.90	12.60	16.87	19.70	15.87	13.02	7.14	3.30	0.69	0.44

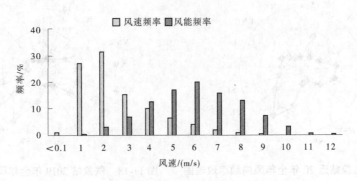

图 11-20　10 m 高度风速频率和风能频率分布直方图

11.4.3　牙克石市博克图气象站

博克图气象站为国家基本气象站(台站号:50632),站址位置东经121.916 7°,北纬48.766 7°;观测场海拔高度739.7 m。

(1)气象站多年(2000—2019 年)平均风速及风向见表 11-26~表 11-28、图 11-21、图 11-22。

表 11-26　气象站累年风速年际变化

年份	2000	2001	2002	2003	2004	2005	2006	2007	2008	2009	2010
风速/(m/s)	2.41	2.55	2.58	2.49	2.65	3.18	3.08	3.11	3.15	3.22	3.1
年份	2011	2012	2013	2014	2015	2016	2017	2018	2019	平均风速	
风速/(m/s)	3.08	2.95	3	2.64	2.95	2.9	3.11	2.92	3.14	2.91	

表 11-27　气象站累年逐月平均风速

月份	1	2	3	4	5	6	7	8	9	10	11	12	平均
风速/(m/s)	3.14	3.09	3.28	3.62	3.49	2.41	2.18	2.18	2.52	3.03	2.87	3.08	2.91

表 11-28　气象站全年各风向频率

风向	NNE	NE	ENE	E	ESE	SE	SSE	S	SSW	SW	WSW	W	WNW	NW	NNW	N	C
近 20 年风向频率	2.3	3.5	4.4	3.1	2.7	4.8	5.2	3.1	2.2	2.5	4.0	14.3	18.5	12.1	5.8	2.6	8.4
2019 年风向频率	2.3	3.2	5.3	3.8	2.6	3.5	5.4	3.3	2.1	2.7	3.8	12.1	24.1	12.9	6.8	2.8	2.2

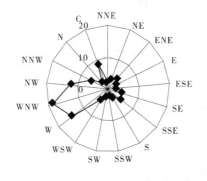

图 11-21　气象站近 20 年全年风向频率玫瑰图　　图 11-22　气象站 2019 年全年风向频率玫瑰图

(2)2019 年气象站 10 m 高度各月风速及风功率密度见表 11-29、图 11-23。

表 11-29 10 m 高度各月风速及风功率密度

月份	1	2	3	4	5	6	7
风速/(m/s)	3.39	3.70	3.29	3.97	4.10	2.30	2.00
风功率密度/(W/m²)	63.78	84.21	69.11	127.72	133.66	24.61	15.93
月份	8	9	10	11	12	平均	
风速/(m/s)	2.19	2.96	3.34	3.51	2.89	3.14	
风功率密度/(W/m²)	18.50	73.50	82.50	84.36	42.72	68.38	

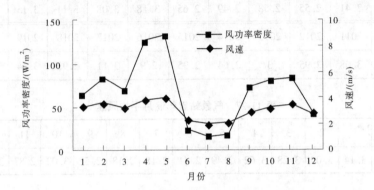

图 11-23 10 m 高度风速及风功率密度年变化

（3）2019 年气象站 10 m 高度风速频率和风能频率分布见表 11-30、图 11-24。

表 11-30 10 m 高度风速频率和风能频率分布

风速段/(m/s)	<0.1	1	2	3	4	5	6	7
风速频率/%	0.66	20.84	24.32	13.38	10.73	9.14	7.31	5.17
风能频率/%	0.00	0.10	0.84	2.17	4.53	8.21	11.80	13.70
风速段/(m/s)	8	9	10	11	12	13	14	15
风速频率/%	3.18	2.18	1.58	0.84	0.43	0.13	0.08	0.02
风能频率/%	12.80	12.75	12.75	9.39	6.14	2.35	1.87	0.61

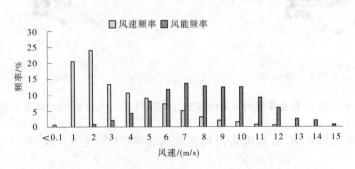

图 11-24 10 m 高度风速频率和风能频率分布直方图

11.5 根河市风能资源

根河气象站为国家基本气象站(台站号:50431),站址位置东经121.517°,北纬50.783 3°;观测场海拔高度717 m。

(1)气象站多年(2000—2019年)平均风速及风向见表11-31~表11-33、图11-25、图11-26。

表11-31 气象站累年风速年际变化

年份	2000	2001	2002	2003	2004	2005	2006	2007	2008	2009	2010
风速/(m/s)	0.97	0.95	0.9	0.81	1	1.33	1.26	1.27	1.3	1.27	1.32
年份	2011	2012	2013	2014	2015	2016	2017	2018	2019	平均风速	
风速/(m/s)	1.25	1.27	1.22	1.17	1.31	1.57	1.67	1.6	1.60	1.25	

表11-32 气象站累年逐月平均风速

月份	1	2	3	4	5	6	7	8	9	10	11	12	平均
风速/(m/s)	0.84	1.14	1.45	1.77	1.76	1.26	1.17	1.14	1.32	1.32	1.02	0.80	1.25

表11-33 气象站全年各风向频率

风向	NNE	NE	ENE	E	ESE	SE	SSE	S	SSW	SW	WSW	W	WNW	NW	NNW	N	C
近20年风向频率	5.7	10.2	7.7	6.5	3.1	1.9	1.7	1.5	1.7	9.2	7.6	4.6	3.7	3.2	3.1	4.3	24.2
2019年风向频率	10.9	14.8	8.7	8.7	3.0	1.1	0.9	1.5	1.7	10.7	7.2	5.8	4.2	3.7	3.4	6.9	6.2

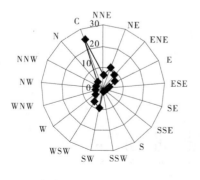

图11-25 气象站近20年全年风向频率玫瑰图　　图11-26 气象站2019年全年风向频率玫瑰图

(2)2019年气象站10 m高度各月风速及风功率密度见表11-34、图11-27。

表 11-34　10 m 高度各月风速及风功率密度

月份	1	2	3	4	5	6	7
风速/(m/s)	1.21	1.62	1.74	2.01	2.39	1.64	1.50
风功率密度/(W/m²)	4.21	8.91	9.45	16.92	22.32	6.14	5.12
月份	8	9	10	11	12	平均	
风速/(m/s)	1.34	1.73	1.66	1.38	0.99	1.60	
风功率密度/(W/m²)	3.45	12.35	11.24	5.64	2.28	9.00	

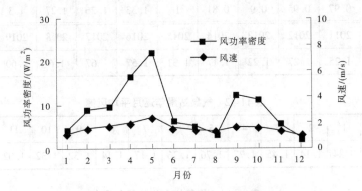

图 11-27　10 m 高度风速及风功率密度年变化

（3）2019 年气象站 10 m 高度风速频率和风能频率分布见表 11-35、图 11-28。

表 11-35　10 m 高度风速频率和风能频率分布

风速段/(m/s)	<0.1	1	2	3	4	5	6	7	8	9
风速频率/%	2.81	42.02	27.17	14.17	8.18	4.08	1.06	0.41	0.09	0.01
风能频率/%	0.00	1.28	6.73	16.70	25.63	25.86	12.48	8.08	2.68	0.56

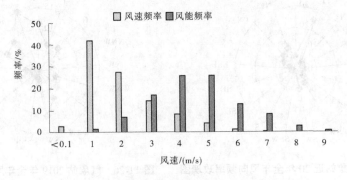

图 11-28　10 m 高度风速频率和风能频率分布直方图

11.6 额尔古纳市风能资源

额尔古纳气象站为国家基本气象站(台站号:50425),站址位置东经120.183°,北纬50.25°;观测场海拔高度581.4 m。

(1)气象站多年(2000—2019年)平均风速及风向见表11-36~表11-38、图11-29、图11-30。

表11-36 气象站累年风速年际变化

年份	2000	2001	2002	2003	2004	2005	2006	2007	2008	2009	2010
风速/(m/s)	1.48	1.77	1.61	1.51	1.53	1.92	1.88	1.82	1.82	1.96	1.88
年份	2011	2012	2013	2014	2015	2016	2017	2018	2019	平均风速	
风速/(m/s)	1.73	1.83	1.81	1.94	2.03	2.02	2.16	2.07	2.1	1.85	

表11-37 气象站累年逐月平均风速

月份	1	2	3	4	5	6	7	8	9	10	11	12	平均
风速/(m/s)	0.94	1.23	1.91	2.68	2.74	2.17	1.93	1.92	2.03	2.06	1.51	1.02	1.85

表11-38 气象站全年各风向频率统计

风向	NNE	NE	ENE	E	ESE	SE	SSE	S	SSW	SW	WSW	W	WNW	NW	NNW	N	C
近20年风向频率	2.9	4.4	6.3	8.3	5.7	4.9	3.3	3.5	3.1	5.2	9.6	10.5	4.6	4.3	2.9	4.2	16.1
2019年风向频率	4.0	6.5	5.0	8.8	8.1	4.6	3.8	5.1	3.9	6.2	11.5	9.8	5.3	4.1	4.1	5.0	3.7

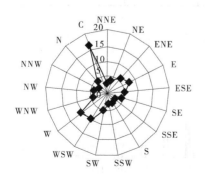

图11-29 气象站近20年全年风向频率玫瑰图　图11-30 气象站2019年全年风向频率玫瑰图

(2)2019年气象站10 m高度各月风速及风功率密度见表11-39、图11-31。

表 11-39 10 m 高度各月风速及风功率密度

月份	1	2	3	4	5	6	7
风速/(m/s)	1.22	1.61	2.22	2.82	3.09	2.45	2.07
风功率密度/(W/m²)	4.84	8.72	18.20	40.64	39.87	19.37	11.23
月份	8	9	10	11	12	平均	
风速/(m/s)	2.01	2.36	2.34	1.81	1.07	2.09	
风功率密度/(W/m²)	13.00	25.93	22.64	11.46	2.45	18.20	

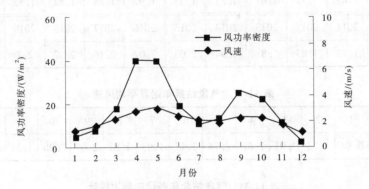

图 11-31 10 m 高度风速及风功率密度年变化

（3）2019 年气象站 10 m 高度风速频率和风能频率分布见表 11-40、图 11-32。

表 11-40 10 m 高度风速频率和风能频率分布

风速段/(m/s)	<0.1	1	2	3	4	5	6	7	8	9	10	11	12
风速频率/%	1.75	27.68	30.75	16.77	11.53	6.00	3.24	1.43	0.59	0.21	0.03	0.00	0.01
风能频率/%	0.00	0.46	3.96	9.75	17.97	19.88	19.36	13.92	8.80	4.25	1.06	0.00	0.58

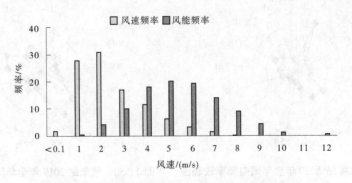

图 11-32 10 m 高度风速频率和风能频率分布直方图

11.7　阿荣旗风能资源

阿荣旗气象站为国家基本气象站（台站号：50647），站址位置东经123.483°，北纬48.133 3°；观测场海拔高度236.2 m。

（1）气象站多年（2000—2019年）平均风速及风向见表11-41～表11-43、图11-33、图11-34。

表 11-41　气象站累年风速年际变化

年份	2000	2001	2002	2003	2004	2005	2006	2007	2008	2009	2010
风速/(m/s)	2.24	2.45	2.39	3.07	3.69	3.02	2.64	2.77	2.74	2.74	2.66
年份	2011	2012	2013	2014	2015	2016	2017	2018	2019	平均风速	
风速/(m/s)	2.5	2.35	2.39	2.08	2.09	2.31	2.37	2.44	2.45	2.57	

表 11-42　气象站累年逐月平均风速

月份	1	2	3	4	5	6	7	8	9	10	11	12	平均
风速/(m/s)	2.35	2.49	3.03	3.39	3.29	2.51	2.23	2.13	2.36	2.47	2.32	2.26	2.57

表 11-43　气象站全年各风向频率

风向	NNE	NE	ENE	E	ESE	SE	SSE	S	SSW	SW	WSW	W	WNW	NW	NNW	N	C
近20年风向频率	6.6	5.6	3.7	3.2	2.8	3.5	4.0	3.9	4.0	3.2	3.7	4.7	11.3	17.8	10.4	7.0	4.4
2019年风向频率	7.4	6.5	3.1	2.5	1.8	2.7	3.7	4.4	3.7	3.6	4.5	5.0	11.5	20.7	11.2	7.4	0.4

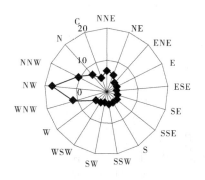

图 11-33　气象站近20年全年风向频率玫瑰图　　图 11-34　气象站2019年全年风向频率玫瑰图

（2）2019年气象站10 m高度各月风速及风功率密度见表11-44、图11-35。

表 11-44　10 m 高度各月风速及风功率密度

月份	1	2	3	4	5	6	7
风速/(m/s)	2.36	2.66	2.73	3.14	3.28	2.41	1.96
风功率密度/(W/m²)	15.58	18.85	23.33	40.39	47.66	15.60	8.30
月份	8	9	10	11	12	平均	
风速/(m/s)	2.17	2.25	2.47	2.35	1.74	2.46	
风功率密度/(W/m²)	10.68	14.14	18.36	13.89	6.52	19.44	

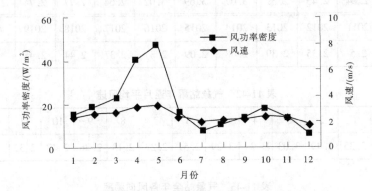

图 11-35　10 m 高度风速及风功率密度年变化

（3）2019 年气象站 10 m 高度风速频率和风能频率分布见表 11-45、图 11-36。

表 11-45　10 m 高度风速频率和风能频率分布

风速段/(m/s)	<0.1	1	2	3	4	5	6	7	8	9	10	11	12
风速频率/%	0.16	8.62	36.22	28.42	14.85	7.55	2.49	1.08	0.32	0.19	0.05	0.02	0.02
风能频率/%	0.00	0.17	5.16	15.06	21.26	22.83	13.72	9.97	4.44	4.01	1.28	0.88	1.22

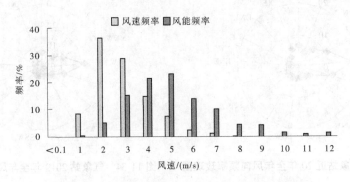

图 11-36　10 m 高度风速频率和风能频率分布直方图

11.8 新巴尔虎左旗风能资源

新巴尔虎左旗气象站为国家基本气象站（台站号：50618），站址位置东经118.266 7°，北纬48.216 7°；观测场海拔高度642 m。

（1）气象站多年（2000—2019年）平均风速及风向见表11-46~表11-48、图11-37、图11-38。

表11-46 气象站累年风速年际变化

年份	2000	2001	2002	2003	2004	2005	2006	2007	2008	2009	2010
风速/(m/s)	2.71	2.76	2.63	2.53	2.44	2.37	2.5	2.37	2.45	2.53	2.47
年份	2011	2012	2013	2014	2015	2016	2017	2018	2019	平均风速	
风速/(m/s)	2.23	2.14	2.26	2.45	2.63	2.65	2.73	2.76	2.84	2.52	

表11-47 气象站累年逐月平均风速

月份	1	2	3	4	5	6	7	8	9	10	11	12	平均
风速/(m/s)	1.98	2.17	2.57	3.23	3.22	2.72	2.46	2.44	2.62	2.58	2.28	1.99	2.52

表11-48 气象站全年各风向频率

风向	NNE	NE	ENE	E	ESE	SE	SSE	S	SSW	SW	WSW	W	WNW	NW	NNW	N	C
近20年风向频率	3.1	3.9	6.9	6.5	5.5	3.7	4.7	5.6	8.9	12.8	6.1	5.9	7.8	5.8	4.9	3.5	4.2
2019年风向频率	3.9	3.6	4.6	8.2	4.6	4.1	2.0	3.9	6.1	14.5	8.3	6.8	6.7	8.7	7.1	5.2	0.9

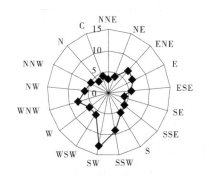

图11-37 气象站近20年全年风向频率玫瑰图　图11-38 气象站2019年全年风向频率玫瑰图

（2）2019年气象站10 m高度各月风速及风功率密度见表11-49、图11-39。

表 11-49　10 m 高度各月风速及风功率密度

月份	1	2	3	4	5	6	7
风速/(m/s)	2.59	2.54	2.81	3.34	3.75	3.14	2.48
风功率密度/(W/m²)	22.79	19.76	28.05	55.44	70.74	32.81	20.01
月份	8	9	10	11	12	平均	
风速/(m/s)	2.41	2.94	3.02	2.79	2.24	2.84	
风功率密度/(W/m²)	18.24	33.54	34.74	26.11	12.61	31.24	

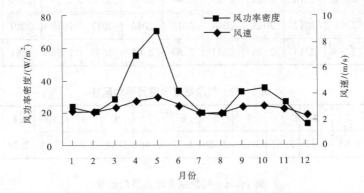

图 11-39　10 m 高度风速及风功率密度年变化

（3）2019 年气象站 10 m 高度风速频率和风能频率分布见表 11-50、图 11-40。

表 11-50　10 m 高度风速频率和风能频率分布

风速段/(m/s)	<0.1	1	2	3	4	5	6	7	8	9	10	11
风速频率/%	0.53	7.96	28.93	25.43	16.59	10.86	5.35	2.52	1.19	0.45	0.11	0.09
风能频率/%	0.00	0.09	2.59	8.81	15.16	20.90	18.29	14.49	10.05	5.56	1.97	2.10

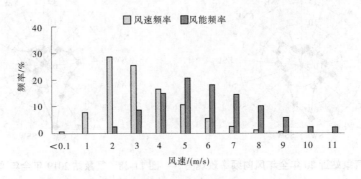

图 11-40　10 m 高度风速频率和风能频率分布直方图

11.9 新巴尔虎右旗风能资源

新巴尔虎右旗气象站为国家基本气象站(台站号:50603),站址位置东经116.81°,北纬48.678 3°;观测场海拔高度542.4 m。

(1)气象站多年(2000—2019年)平均风速及风向见表11-51~表11-53、图11-41、图11-42。

表11-51 气象站累年风速年际变化

年份	2000	2001	2002	2003	2004	2005	2006	2007	2008	2009	2010
风速/(m/s)	3.23	3.41	3.05	3.31	3.21	3.15	3.07	2.96	3.02	3.05	2.95
年份	2011	2012	2013	2014	2015	2016	2017	2018	2019	平均风速	
风速/(m/s)	2.77	2.81	2.73	2.33	4.57	4.94	5.11	5.01	4.96	3.48	

表11-52 气象站累年逐月平均风速

月份	1	2	3	4	5	6	7	8	9	10	11	12	平均
风速/(m/s)	3.14	3.37	3.76	4.45	4.34	3.37	3.08	3.12	3.34	3.48	3.25	3.10	3.48

表11-53 气象站全年各风向频率

风向	NNE	NE	ENE	E	ESE	SE	SSE	S	SSW	SW	WSW	W	WNW	NW	NNW	N	C
近20年风向频率	4.8	5.8	4.7	3.4	2.6	2.3	2.3	2.3	2.5	5.5	13.2	6.9	9.5	14.3	9.2	6.5	3.2
2019年风向频率	5.2	5.0	5.8	3.7	2.0	1.2	1.1	1.2	1.7	6.0	13.0	7.8	7.2	14.0	12.4	11.5	0.2

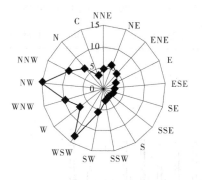

图11-41 气象站近20年全年风向频率玫瑰图   图11-42 气象站2019年全年风向频率玫瑰图

(2)2019年气象站10 m高度各月风速及风功率密度见表11-54、图11-43。

表 11-54　10 m 高度各月风速及风功率密度

月份	1	2	3	4	5	6	7
风速/(m/s)	4.98	4.78	5.17	6.20	7.25	4.69	3.79
风功率密度/(W/m²)	171.43	137.23	180.02	389.63	464.23	134.13	77.13
月份	8	9	10	11	12	平均	
风速/(m/s)	4.53	4.49	5.07	4.48	4.01	4.95	
风功率密度/(W/m²)	151.92	152.86	184.56	155.64	81.93	190.06	

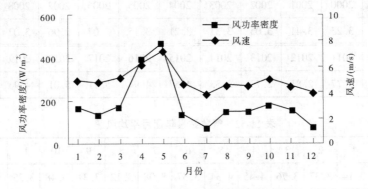

图 11-43　10 m 高度风速及风功率密度年变化

（3）2019 年气象站 10 m 高度风速频率和风能频率分布见表 11-55、图 11-44。

表 11-55　10 m 高度风速频率和风能频率分布

风速段/(m/s)	<0.1	1	2	3	4	5	6	7	8
风速频率/%	0.14	3.55	11.53	14.98	16.39	13.73	10.84	8.09	5.79
风能频率/%	0.00	0.01	0.18	0.88	2.54	4.40	6.27	7.72	8.36
风速段/(m/s)	9	10	11	12	13	14	15	>15	
风速频率/%	4.29	3.14	2.18	1.86	1.38	0.99	0.34	0.76	
风能频率/%	9.12	9.22	8.68	9.71	9.23	8.32	3.46	11.89	

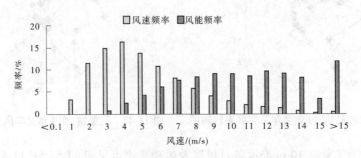

图 11-44　10 m 高度风速频率和风能频率分布直方图

11.10 陈巴尔虎旗风能资源

陈巴尔虎旗气象站为国家基本气象站(台站号:50524),站址位置东经119.433°,北纬49.316 7°;观测场海拔高度576.6 m。

(1)气象站多年(2000—2019)平均风速及风向见表11-56~表11-58、图11-45、图11-46。

表11-56 气象站累年风速年际变化表

年份	2000	2001	2002	2003	2004	2005	2006	2007	2008	2009	2010
风速/(m/s)	2.23	2.33	2.33	2.71	2.38	2.19	2.24	2.13	2.14	2.26	2.06
年份	2011	2012	2013	2014	2015	2016	2017	2018	2019	平均风速	
风速/(m/s)	1.77	1.89	1.95	1.74	1.92	2.38	2.37	2.41	2.40	2.19	

表11-57 气象站累年逐月平均风速

月份	1	2	3	4	5	6	7	8	9	10	11	12	平均
风速/(m/s)	1.33	1.57	2.24	2.97	3.02	2.48	2.31	2.24	2.37	2.33	2	1.44	2.19

表11-58 气象站全年各风向频率

风向	NNE	NE	ENE	E	ESE	SE	SSE	S	SSW	SW	WSW	W	WNW	NW	NNW	N	C
近20年风向频率	3.7	4.8	6.3	7.7	5.9	4.0	2.5	3.5	3.8	6.2	11.7	13.0	9.1	5.0	1.9	2.1	8.7
2019年风向频率	5.6	6.2	5.7	6.4	4.8	2.9	2.2	3.9	5.6	8.3	13.3	14.2	9.1	4.2	1.2	1.7	2.9

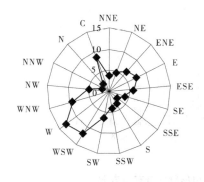

图11-45 气象站近20年全年风向频率玫瑰图   图11-46 气象站2019年全年风向频率玫瑰图

(2)2019年气象站10 m高度各月风速及风功率密度见表11-59、图11-47。

表 11-59　10 m 高度各月风速及风功率密度

月份	1	2	3	4	5	6	7
风速/(m/s)	1.77	2.02	2.35	2.84	3.34	2.81	2.33
风功率密度/(W/m²)	8.60	10.72	18.79	37.16	45.01	27.89	15.73
月份	8	9	10	11	12	平均	
风速/(m/s)	2.31	2.50	2.54	2.28	1.67	2.40	
风功率密度/(W/m²)	19.38	23.41	21.59	15.08	6.10	20.79	

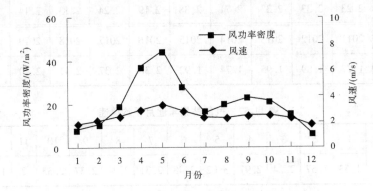

图 11-47　10 m 高度风速及风功率密度年变化

（3）2019 年气象站 10 m 高度风速频率和风能频率分布见表 11-60、图 11-48。

表 11-60　10 m 高度风速频率和风能频率分布

风速段/(m/s)	<0.1	1	2	3	4	5	6	7	8	9
风速频率/%	2.16	13.47	33.22	23.72	14.02	7.41	3.58	1.72	0.59	0.10
风能频率/%	0.00	0.22	4.18	12.12	19.14	21.11	18.81	14.95	7.66	1.81

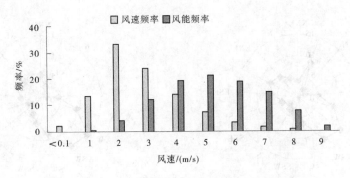

图 11-48　10 m 高度风速频率和风能频率分布直方图

11.11 鄂伦春自治旗风能资源

11.11.1 鄂伦春自治旗气象站

鄂伦春气象站为国家基本气象站(台站号:50445),站址位置东经 123.733°,北纬50.583 3°;观测场海拔高度 423.7 m。

(1)气象站多年(2000—2019 年)平均风速及风向见表 11-61 ~ 表 11-63、图 11-49、图 11-50。

表 11-61　气象站累年风速年际变化

年份	2000	2001	2002	2003	2004	2005	2006	2007	2008	2009	2010
风速/(m/s)	1.52	1.57	1.43	1.73	2.16	1.93	1.88	1.85	1.87	1.89	1.83
年份	2011	2012	2013	2014	2015	2016	2017	2018	2019	平均风速	
风速/(m/s)	1.79	1.81	1.82	1.64	1.73	2.05	2.06	1.98	2.07	1.83	

表 11-62　气象站累年逐月平均风速

月份	1	2	3	4	5	6	7	8	9	10	11	12	平均
风速/(m/s)	1.6	1.71	2.12	2.29	2.28	1.78	1.7	1.62	1.71	1.92	1.7	1.51	1.83

表 11-63　气象站全年各风向频率

风向	NNE	NE	ENE	E	ESE	SE	SSE	S	SSW	SW	WSW	W	WNW	NW	NNW	N	C
近 20 年风向频率	3.9	2.4	2.5	3.9	6.3	3.5	2.0	2.2	2.0	3.0	6.5	8.6	8.2	10.1	14.4	9.0	11.4
2019 年风向频率	3.5	3.6	4.8	1.6	15.7	3.2	1.7	2.7	2.9	6.5	19.7	4.0	10.8	5.6	5.5	5.4	2.7

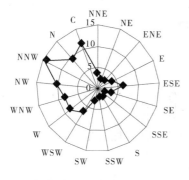

图 11-49　气象站近 20 年全年风向频率玫瑰图

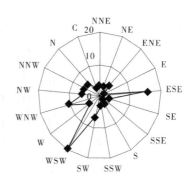

图 11-50　气象站 2019 年全年风向频率玫瑰图

（2）2019 年气象站 10 m 高度各月风速及风功率密度见表 11-64、图 11-51。

表 11-64　10 m 高度各月风速及风功率密度

月份	1	2	3	4	5	6	7
风速/(m/s)	1.97	2.13	2.14	2.47	2.81	1.94	1.68
风功率密度/(W/m²)	13.14	14.89	15.26	28.21	35.72	10.50	6.86
月份	8	9	10	11	12		平均
风速/(m/s)	1.73	2.10	1.95	2.24	1.63		2.07
风功率密度/(W/m²)	7.27	8.59	16.66	18.75	6.38		16.16

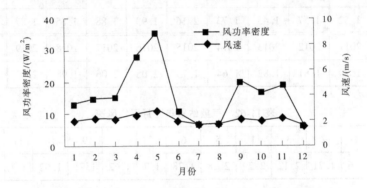

图 11-51　10 m 高度风速及风功率密度年变化

（3）2019 年气象站 10 m 高度风速频率和风能频率分布见表 11-65、图 11-52。

表 11-65　10 m 高度风速频率和风能频率分布

风速段/(m/s)	<0.1	1	2	3	4	5	6	7	8	9	10
风速频率/%	1.24	23.12	37.96	17.47	9.71	5.96	2.69	1.32	0.38	0.13	0.02
风能频率/%	0.00	0.47	5.66	11.26	17.58	22.26	18.15	14.68	6.20	3.04	0.71

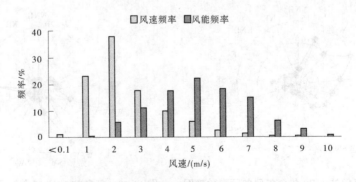

图 11-52　10 m 高度风速频率和风能频率分布直方图

11.11.2 鄂伦春自治旗小二沟气象站

小二沟气象站为国家基本气象站(台站号:50548),站址位置东经123.717°,北纬49.2°;观测场海拔高度286.1 m。

(1)气象站多年(2000—2019年)平均风速及风向见表11-66~表11-68、图11-53、图11-54。

表11-66 气象站累年风速年际变化

年份	2000	2001	2002	2003	2004	2005	2006	2007	2008	2009	2010
风速/(m/s)	1.11	1.19	1.07	1.12	1.23	1.49	1.47	1.64	1.68	1.9	1.62
年份	2011	2012	2013	2014	2015	2016	2017	2018	2019	平均风速	
风速/(m/s)	1.62	1.66	1.93	1.95	2.07	2.03	1.97	1.97	2.19	1.65	

表11-67 气象站累年逐月平均风速

月份	1	2	3	4	5	6	7	8	9	10	11	12	平均
风速/(m/s)	0.94	1.19	1.85	2.5	2.39	1.81	1.6	1.52	1.66	1.88	1.42	0.99	1.65

表11-68 气象站全年各风向频率

风向	NNE	NE	ENE	E	ESE	SE	SSE	S	SSW	SW	WSW	W	WNW	NW	NNW	N	C
近20年风向频率	7.2	4.9	2.8	2.5	2.2	3.2	5.1	5.1	3.0	2.4	2.6	3.9	5.2	6.4	10.7	11.0	21.5
2019年风向频率	10.8	8.3	3.8	2.9	1.8	3.3	4.4	5.7	3.3	2.3	2.7	4.3	6.9	7.8	11.8	15.9	2.8

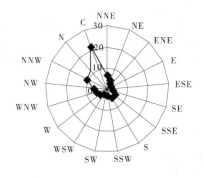 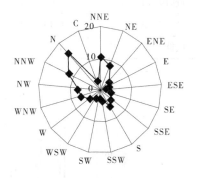

图 11-53 气象站近20年全年风向频率玫瑰图　　图 11-54 气象站2019年全年风向频率玫瑰图

(2)2019年气象站10 m高度各月风速及风功率密度见表11-69、图11-55。

表 11-69　10 m 高度各月风速及风功率密度

月份	1	2	3	4	5	6	7
风速/(m/s)	1.57	2.14	2.28	2.86	3.21	2.39	1.96
风功率密度/(W/m²)	12.02	34.75	35.98	46.92	56.33	20.46	10.78
月份	8	9	10	11	12	平均	
风速/(m/s)	2.17	2.21	2.14	2.10	1.20	2.19	
风功率密度/(W/m²)	14.43	22.81	23.37	19.76	6.38	25.33	

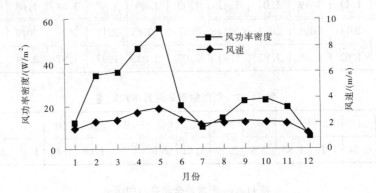

图 11-55　10 m 高度风速及风功率密度年变化

（3）2019 年气象站 10 m 高度风速频率和风能频率分布见表 11-70、图 11-56。

表 11-70　10 m 高度风速频率和风能频率分布

风速段/(m/s)	<0.1	1	2	3	4	5
风速频率/%	1.05	31.80	26.66	14.62	11.10	6.92
风能频率/%	0.00	0.43	2.64	6.80	13.75	17.92
风速段/(m/s)	6	7	8	9	10	11
风速频率/%	4.49	1.95	0.83	0.30	0.25	0.03
风能频率/%	21.08	15.15	9.95	5.23	5.95	1.08

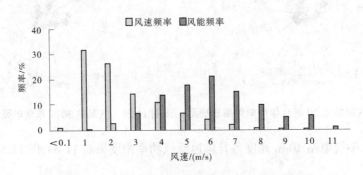

图 11-56　10 m 高度风速频率和风能频率分布直方图

11.12 鄂温克自治旗风能资源

鄂温克气象站为国家基本气象站（台站号：50525），站址位置东经 119.75°，北纬 49.15°；观测场海拔高度 620.8 m。

（1）气象站多年（2000—2019 年）平均风速及风向见表 11-71 ~ 表 11-73、图 11-57、图 11-58。

表 11-71 气象站累年风速年际变化

年份	2000	2001	2002	2003	2004	2005	2006	2007	2008	2009	2010
风速/(m/s)	2.61	2.87	2.73	2.88	2.61	2.51	2.65	2.51	2.64	2.6	2.44
年份	2011	2012	2013	2014	2015	2016	2017	2018	2019	平均风速	
风速/(m/s)	2.25	2.33	2.3	2.47	2.67	2.67	2.78	2.79	2.73	2.60	

表 11-72 气象站累年逐月平均风速

月份	1	2	3	4	5	6	7	8	9	10	11	12	平均
风速/(m/s)	1.83	2.13	2.64	3.44	3.4	2.74	2.57	2.48	2.87	2.84	2.4	1.88	2.60

表 11-73 气象站全年各风向频率

风向	NNE	NE	ENE	E	ESE	SE	SSE	S	SSW	SW	WSW	W	WNW	NW	NNW	N	C
近20年风向频率	2.6	3.3	4.9	4.5	3.8	8.0	12.1	8.1	5.4	5.4	7.0	9.2	8.3	6.9	4.4	2.0	3.7
2019年风向频率	2.6	3.2	3.8	4.7	3.8	7.5	9.8	6.7	5.3	5.8	6.8	11.3	10.3	8.3	5.9	2.1	1.3

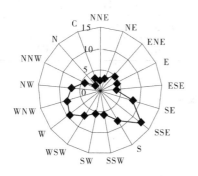 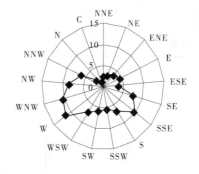

图 11-57 气象站近 20 年全年风向频率玫瑰图　　图 11-58 气象站 2019 年全年风向频率玫瑰图

（2）2019 年气象站 10 m 高度各月风速及风功率密度见表 11-74、图 11-59。

表 11-74 10 m 高度各月风速及风功率密度

月份	1	2	3	4	5	6	7
风速/(m/s)	2.22	2.50	2.78	3.37	3.58	2.95	2.41
风功率密度/(W/m²)	18.15	20.45	30.38	64.47	64.07	33.32	17.21
月份	8	9	10	11	12	平均	
风速/(m/s)	2.40	3.01	3.04	2.58	2.03	2.74	
风功率密度/(W/m²)	19.92	44.47	41.27	25.63	10.06	32.45	

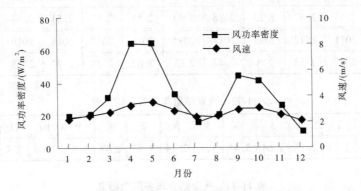

图 11-59 10 m 高度风速及风功率密度年变化

(3)2019 年气象站 10 m 高度风速频率和风能频率分布见表 11-75、图 11-60。

表 11-75 10 m 高度风速频率和风能频率分布

风速段/(m/s)	<0.1	1	2	3	4	5	6
风速频率/%	0.45	11.26	30.27	23.87	15.03	8.79	5.10
风能频率/%	0.00	0.12	2.44	7.90	13.25	16.17	17.22
风速段/(m/s)	7	8	9	10	11	12	13
风速频率/%	2.73	1.47	0.63	0.25	0.10	0.03	0.01
风能频率/%	14.91	12.34	7.76	4.16	2.27	1.02	0.43

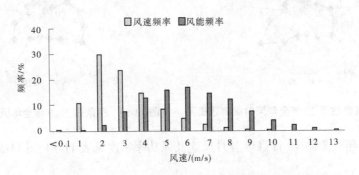

图 11-60 10 m 高度风速频率和风能频率分布直方图

11.13 莫力达瓦自治旗风能资源

莫力达瓦气象站为国家基本气象站(台站号:50645),站址位置东经124.483°,北纬48.483 3°;观测场海拔高度195 m。

(1)气象站多年(2000—2019年)平均风速及风向见表11-76~表11-78、图11-61、图11-62。

表 11-76 气象站累年风速年际变化

年份	2000	2001	2002	2003	2004	2005	2006	2007	2008	2009	2010
风速/(m/s)	2.46	2.48	2.2	2.2	3.27	3.47	3.34	3.22	3.1	3.33	3.15
年份	2011	2012	2013	2014	2015	2016	2017	2018	2019	平均风速	
风速/(m/s)	2.61	2.26	2.48	2.16	2.33	2.58	2.55	2.18	2.23	2.68	

表 11-77 气象站累年逐月平均风速

月份	1	2	3	4	5	6	7	8	9	10	11	12	平均
风速/(m/s)	2.26	2.46	3.13	3.48	3.26	2.71	2.43	2.28	2.52	2.83	2.51	2.30	2.68

表 11-78 气象站全年各风向频率

风向	NNE	NE	ENE	E	ESE	SE	SSE	S	SSW	SW	WSW	W	WNW	NW	NNW	N	C
近20年风向频率	8.1	7.6	4.7	2.4	2.7	3.5	4.2	5.4	5.8	5.0	5.1	5.5	10.4	10.6	6.6	5.1	7.2
2019年风向频率	4.9	7.8	7.2	2.1	1.3	3.4	3.4	5.6	4.4	5.4	5.6	8.4	16.2	5.7	6.5	7.6	4.2

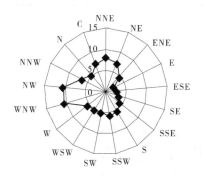

图 11-61 气象站近20年全年风向频率玫瑰图　　图 11-62 气象站2019年全年风向频率玫瑰图

(2)2019年气象站10 m高度各月风速及风功率密度见表11-79、图11-63。

表 11-79　10 m 高度各月风速及风功率密度

月份	1	2	3	4	5	6	7
风速/(m/s)	1.89	2.58	2.24	2.76	3.04	2.37	1.77
风功率密度/(W/m²)	14.58	21.01	16.42	33.45	42.42	17.40	7.60
月份	8	9	10	11	12	平均	
风速/(m/s)	2.17	2.08	2.23	2.22	1.39	2.23	
风功率密度/(W/m²)	14.14	15.75	16.53	16.52	5.35	18.43	

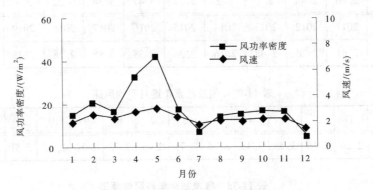

图 11-63　10 m 高度风速及风功率密度年变化

（3）2019 年气象站 10 m 高度风速频率和风能频率分布见表 11-80、图 11-64。

表 11-80　10 m 高度风速频率和风能频率分布

风速段/(m/s)	<0.1	1	2	3	4	5	6	7	8	9	10	11
风速频率/%	2.15	20.80	29.28	22.07	14.74	6.45	2.68	1.12	0.48	0.16	0.07	0.01
风能频率/%	0.00	0.29	4.14	12.85	22.75	20.61	15.57	10.56	7.19	3.55	2.01	0.46

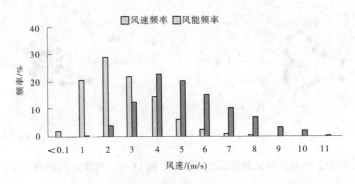

图 11-64　10 m 高度风速频率和风能频率分布直方图

12 兴安盟风能资源

12.1 乌兰浩特风能资源

乌兰浩特气象站为国家基本气象站(台站号:50838),站址位置东经122.05°,北纬46.083 3°;观测场海拔高度274.7 m。

(1)气象站多年(2000—2019年)平均风速及风向见表12-1~表12-3、图12-1、图12-2。

表12-1 气象站累年风速年际变化

年份	2000	2001	2002	2003	2004	2005	2006	2007	2008	2009	2010
风速/(m/s)	2.59	2.92	2.75	2.63	2.8	2.23	2.11	1.86	2.09	2.32	2.08
年份	2011	2012	2013	2014	2015	2016	2017	2018	2019	平均风速	
风速/(m/s)	1.81	2.01	2.16	2.15	2.26	2.44	2.47	2.35	2.33	2.32	

表12-2 气象站累年逐月平均风速

月份	1	2	3	4	5	6	7	8	9	10	11	12	平均
风速/(m/s)	2.06	2.33	2.69	3.03	2.87	2.25	2.07	1.98	2.05	2.22	2.19	2.08	2.32

表12-3 气象站全年各风向频率

风向	NNE	NE	ENE	E	ESE	SE	SSE	S	SSW	SW	WSW	W	WNW	NW	NNW	N	C
近20年风向频率	5.1	5.1	2.8	2.3	3.2	3.6	3.2	4.0	3.9	4.5	10.0	19.2	12.0	6.8	2.9	3.1	8.0
2019年风向频率	2.99	6.82	4.49	1.41	2.41	2.49	2.57	3.74	4.07	5.91	15.16	22.91	11.41	6.41	3.07	1.82	1.99

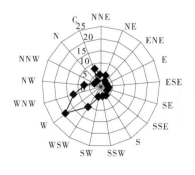

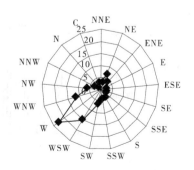

图12-1 气象站近20年全年风向频率玫瑰图　　图12-2 气象站2019年全年风向频率玫瑰图

(2)2019 年气象站 10 m 高度各月风速及风功率密度见表 12-4、图 12-3。

表 12-4　10 m 高度各月风速及风功率密度

月份	1	2	3	4	5	6	7
风速/(m/s)	2.53	2.62	2.41	2.76	2.98	2.14	1.82
风功率密度/(W/m²)	27.62	24.15	19.58	25.87	37.36	12.40	7.28
月份	8	9	10	11	12	平均	
风速/(m/s)	1.87	2.03	2.15	2.53	2.22	2.34	
风功率密度/(W/m²)	8.74	14.08	18.55	27.83	18.14	20.13	

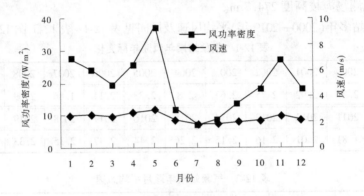

图 12-3　10 m 高度风速及风功率密度年变化

(3)2019 年气象站 10 m 高度风速频率和风能频率分布见表 12-5、图 12-4。

表 12-5　10 m 高度风速频率和风能频率分布

风速段/(m/s)	<0.1	1	2	3	4	5	6	7	8
风速频率/%	0.25	5.53	15.62	19.21	18.16	16.16	10.02	5.95	3.58
风能频率/%	0.00	0.02	0.53	2.50	6.27	11.37	12.77	12.40	11.59
风速段/(m/s)	9	10	11	12	13	14	15	>15	
风速频率/%	2.34	1.54	0.70	0.39	0.22	0.17	0.03	0.13	
风能频率/%	10.99	10.01	6.09	4.46	3.22	3.26	0.77	3.73	

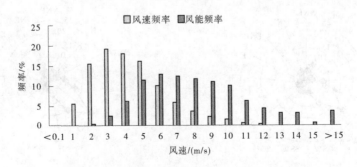

图 12-4　10 m 高度风速频率和风能频率分布直方图

· 226 ·

12.2　阿尔山市风能资源

阿尔山气象站为国家基本气象站(台站号:50727),站址位置东经119.933 3°,北纬47.166 7°;观测场海拔高度997.2 m。

(1)气象站多年(2000—2019年)平均风速及风向见表12-6~表12-8、图12-5、图12-6。

表 12-6　气象站累年风速年际变化

年份	2000	2001	2002	2003	2004	2005	2006	2007	2008	2009	2010
风速/(m/s)	2.61	2.61	2.51	2.41	2.38	2.08	2.13	2.07	2.02	2.09	1.98
年份	2011	2012	2013	2014	2015	2016	2017	2018	2019	平均风速	
风速/(m/s)	1.73	1.78	2.02	2.07	2.2	2.17	2.23	2.21	2.22	2.17	

表 12-7　气象站累年逐月平均风速

月份	1	2	3	4	5	6	7	8	9	10	11	12	平均
风速/(m/s)	1.35	1.72	2.30	3.03	3.07	2.22	2.03	2.08	2.40	2.42	2.00	1.46	2.17

表 12-8　气象站全年各风向频率

风向	NNE	NE	ENE	E	ESE	SE	SSE	S	SSW	SW	WSW	W	WNW	NW	NNW	N	C
近20年风向频率	2.1	1.3	1.3	1.7	2.5	8.4	9.6	9.5	7.4	3.7	2.4	2.9	5.3	10.6	11.6	6.9	12.7
2019年风向频率	1.64	0.98	0.81	0.64	1.98	5.81	10.73	9.98	9.31	4.73	2.64	3.73	6.06	13.89	12.31	5.73	8.31

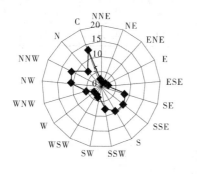
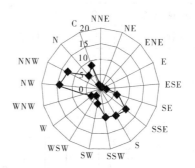

图 12-5　气象站近 20 年全年风向频率玫瑰图　　图 12-6　气象站 2019 年全年风向频率玫瑰图

(2)2019年气象站 10 m 高度各月风速及风功率密度见表12-9、图12-7。

表 12-9　10 m 高度各月风速及风功率密度

月份	1	2	3	4	5	6	7
风速/(m/s)	1.60	1.65	2.44	3.19	3.28	2.33	1.93
风功率密度/(W/m²)	12.88	13.30	37.68	62.22	81.89	21.21	11.89
月份	8	9	10	11	12	平均	
风速/(m/s)	1.79	2.30	2.42	2.29	1.39	2.22	
风功率密度/(W/m²)	10.66	28.74	28.39	28.41	7.27	28.71	

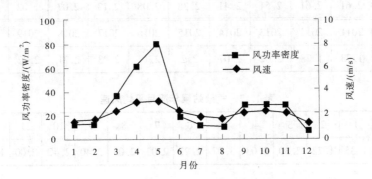

表 12-7　10 m 高度风速及风功率密度年变化

（3）2019 年气象站 10 m 高度风速频率和风能频率分布见表 12-10、图 12-8。

表 12-10　10 m 高度风速频率和风能频率分布

风速段/(m/s)	<0.1	1	2	3	4	5	6
风速频率/%	4.21	30.43	24.10	14.35	10.57	7.08	4.16
风能频率/%	0.00	0.27	1.98	5.39	10.64	14.72	15.79
风速段/(m/s)	7	8	9	10	11	12	13
风速频率/%	2.63	1.21	0.68	0.34	0.16	0.06	0.02
风能频率/%	16.35	11.52	9.66	6.49	4.29	1.94	0.95

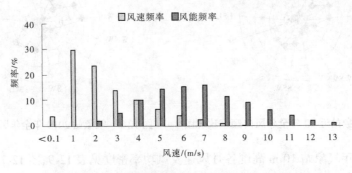

图 12-8　10 m 高度风速频率和风能频率分布直方图

12.3 突泉县风能资源

突泉气象站为国家基本气象站(台站号:50934),站址位置东经 121.583 3°,北纬 45.383 3°;观测场海拔高度 311.7 m。

(1)气象站多年(2000—2019 年)平均风速及风向见表 12-11 ~ 表 12-13、图 12-9、图 12-10。

表 12-11 气象站累年风速年际变化

年份	2000	2001	2002	2003	2004	2005	2006	2007	2008	2009	2010
风速/(m/s)	3.83	4.07	3.81	3.74	3.8	3.86	3.41	4.05	4.3	4.46	4.38
年份	2011	2012	2013	2014	2015	2016	2017	2018	2019	平均风速	
风速/(m/s)	4.14	4.04	4.12	3.45	3.52	3.73	3.49	3.2	3.14	3.83	

表 12-12 气象站累年逐月平均风速

月份	1	2	3	4	5	6	7	8	9	10	11	12	平均
风速/(m/s)	4.26	4.3	4.53	4.84	4.44	3.37	2.87	2.74	3.04	3.62	3.78	4.13	3.83

表 12-13 气象站全年各风向频率

风向	NNE	NE	ENE	E	ESE	SE	SSE	S	SSW	SW	WSW	W	WNW	NW	NNW	N	C
近20年风向频率	5.70	4.04	2.45	2.29	2.25	2.80	3.38	4.77	4.04	3.09	3.08	5.84	16.65	21.0	9.4	5.8	2.8
2019年风向频率	4.49	4.16	1.99	2.16	1.49	2.41	2.91	4.74	5.16	4.16	3.49	6.07	23.16	18.41	8.57	5.24	0.66

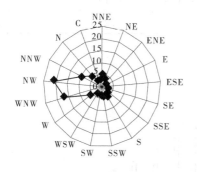

图 12-9 气象站近 20 年全年风向频率玫瑰图   图 12-10 气象站 2019 年全年风向频率玫瑰图

(2)2019 年气象站 10 m 高度各月风速及风功率密度见表 12-14、图 12-11。

表 12-14　10 m 高度各月风速及风功率密度

月份	1	2	3	4	5	6	7
风速/(m/s)	3.52	3.37	3.46	3.72	4.01	2.98	2.24
风功率密度/(W/m²)	58.04	39.87	54.04	67.04	87.73	32.75	12.88
月份	8	9	10	11	12	平均	
风速/(m/s)	2.62	2.54	3.03	3.16	2.94	3.13	
风功率密度/(W/m²)	22.55	23.46	36.47	46.68	29.47	42.58	

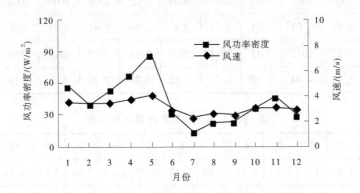

图 12-11　10 m 高度风速及风功率密度年变化

(3)2019 年气象站 10 m 高度风速频率和风能频率分布见表 12-15、图 12-12。

表 12-15　10 m 高度风速频率和风能频率分布

风速段/(m/s)	<0.1	1	2	3	4	5	6
风速频率/%	0.35	5.32	25.72	25.92	17.66	10.98	6.74
风能频率/%	0.00	0.05	1.75	6.55	11.88	15.29	16.99
风速段/(m/s)	7	8	9	10	11	12	13
风速频率/%	3.72	1.91	1.00	0.43	0.18	0.05	0.01
风能频率/%	15.59	12.23	9.26	5.78	3.27	1.05	0.31

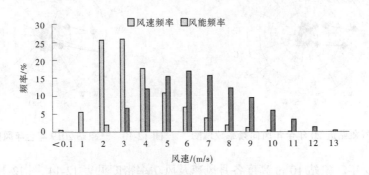

图 12-12　10 m 高度风速频率和风能频率分布直方图

12.4 科尔沁右翼前旗风能资源

科尔沁右翼前旗索伦气象站为国家基本气象站(台站号:50834),站址位置东经121.216 7°,北纬46.6°;观测场海拔高度499.7 m。

(1)气象站多年(2000—2019年)平均风速及风向见表12-16~表12-18、图12-13、图12-14。

表12-16　气象站累年风速年际变化

年份	2000	2001	2002	2003	2004	2005	2006	2007	2008	2009	2010
风速/(m/s)	2.85	2.99	2.68	2.65	2.95	3.22	3.11	2.98	3.03	3.03	3.05
年份	2011	2012	2013	2014	2015	2016	2017	2018	2019	平均风速	
风速/(m/s)	2.93	2.78	2.83	2.52	2.65	2.68	2.92	2.87	2.82	2.88	

表12-17　气象站累年逐月平均风速

月份	1	2	3	4	5	6	7	8	9	10	11	12	平均
风速/(m/s)	3.04	3.22	3.51	3.64	3.36	2.43	2.13	2.11	2.50	2.90	2.79	2.87	2.88

表12-18　气象站全年各风向频率

风向	NNE	NE	ENE	E	ESE	SE	SSE	S	SSW	SW	WSW	W	WNW	NW	NNW	N	C
近20年风向频率	1.89	1.87	2.50	3.45	4.22	2.81	2.18	2.20	2.21	3.39	8.44	23.03	24.55	6.8	2.9	2.3	5.0
2019年风向频率	2.06	1.89	2.31	3.81	4.31	2.89	2.31	2.14	2.14	3.56	7.81	20.23	26.98	8.89	3.98	3.14	1.31

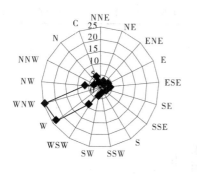

图12-13　气象站近20年全年风向频率玫瑰图　　图12-14　气象站2019年全年风向频率玫瑰图

(2)2019年气象站10 m高度各月风速及风功率密度见表12-19、图12-15。

表 12-19　10 m 高度各月风速及风功率密度

月份	1	2	3	4	5	6	7
风速/(m/s)	3.26	3.25	3.15	3.63	3.56	2.39	2.09
风功率密度/(W/m²)	47.66	40.71	42.33	60.31	68.12	18.59	11.45
月份	8	9	10	11	12	平均	
风速/(m/s)	1.92	2.37	2.59	2.85	2.83	2.83	
风功率密度/(W/m²)	9.75	22.35	29.34	35.65	32.90	34.93	

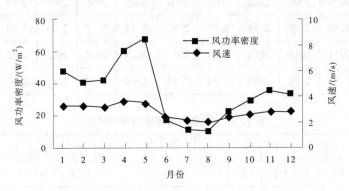

图 12-15　10 m 高度风速及风功率密度年变化

(3)2019 年气象站 10 m 高度风速频率和风能频率分布见表 12-20、图 12-16。

表 12-20　10 m 高度风速频率和风能频率分布

风速段/(m/s)	<0.1	1	2	3	4	5	6
风速频率/%	0.32	11.82	29.61	20.47	15.37	10.91	6.13
风能频率/%	0.00	0.12	2.15	6.41	12.71	19.04	19.19
风速段/(m/s)	7	8	9	10	11	12	13
风速频率/%	2.95	1.44	0.58	0.30	0.08	0.02	0.01
风能频率/%	15.06	11.16	6.62	4.83	1.66	0.68	0.38

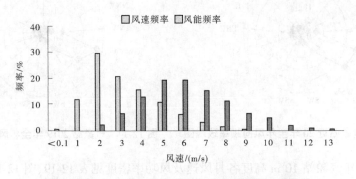

图 12-16　10 m 高度风速频率和风能频率分布直方图

12.5 科尔沁右翼中旗风能资源

12.5.1 科尔沁右翼中旗气象站

科尔沁右翼中旗气象站为国家基本气象站(台站号:50937),站址位置东经121.483 1°,北纬45.061 1°;观测场海拔高度282.1 m。

(1)气象站多年(2000—2019 年)平均风速及风向见表 12-21～表 12-23、图 12-17、图 12-18。

表 12-21　气象站累年风速年际变化

年份	2000	2001	2002	2003	2004	2005	2006	2007	2008	2009	2010
风速/(m/s)	3.98	4.14	3.98	3.84	3.97	4.11	3.62	3.73	3.74	3.8	3.73
年份	2011	2012	2013	2014	2015	2016	2017	2018	2019	平均风速	
风速/(m/s)	3.68	3.49	3.68	4.26	4.39	4.26	4.44	4.15	3.98	3.95	

表 12-22　气象站累年逐月平均风速

月份	1	2	3	4	5	6	7	8	9	10	11	12	平均
风速/(m/s)	5.09	4.89	4.79	4.57	4.12	3.12	2.76	2.75	3.03	3.68	3.90	4.71	3.95

表 12-23　气象站全年各风向频率

风向	NNE	NE	ENE	E	ESE	SE	SSE	S	SSW	SW	WSW	W	WNW	NW	NNW	N	C
近20年风向频率	3.9	3.4	2.6	3.2	2.6	4.0	4.0	4.7	4.2	3.5	2.8	3.9	10.4	26.6	11.2	6.1	2.6
2019年风向频率	4.08	3.5	2.91	2.16	1.66	3.08	4.5	4.75	8	6.16	4.16	4.83	15.91	18.25	9.83	4.75	0.5

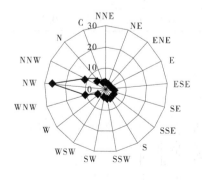

图 12-17　气象站近 20 年全年风向频率玫瑰图　　图 12-18　气象站 2019 年全年风向频率玫瑰图

(2)2019 年气象站 10 m 高度各月风速及风功率密度见表 12-24、图 12-19。

表 12-24　10 m 高度各月风速及风功率密度

月份	1	2	3	4	5	6	7
风速/(m/s)	5.07	4.97	4.47	4.76	4.76	3.42	2.61
风功率密度/(W/m²)	166.53	129.17	101.76	126.13	128.29	45.50	20.19
月份	8	9	10	11	12	平均	
风速/(m/s)	2.95	3.11	3.66	4.22	3.82	3.99	
风功率密度/(W/m²)	32.53	40.67	66.86	119.72	79.80	88.10	

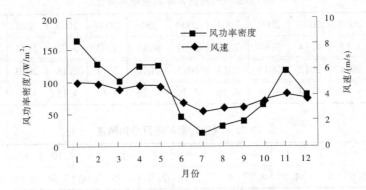

图 12-19　10 m 高度风速及风功率密度年变化

（3）2019 年气象站 10 m 高度风速频率和风能频率分布见表 12-25、图 12-20。

表 12-25　10 m 高度风速频率和风能频率分布

风速段/(m/s)	<0.1	1	2	3	4	5	6	7	8
风速频率/%	0.22	4.12	16.93	19.21	18.12	14.20	9.76	6.71	4.08
风能频率/%	0.00	0.02	0.53	2.45	6.03	9.71	12.16	13.91	12.68
风速段/(m/s)	9	10	11	12	13	14	15	>15	
风速频率/%	3.25	1.76	0.98	0.48	0.13	0.05	0.00	0.01	
风能频率/%	14.77	11.19	8.26	5.40	1.81	0.82	0.00	0.28	

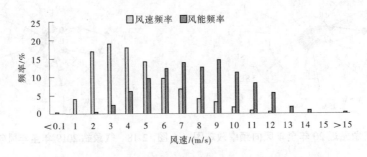

图 12-20　10 m 高度风速频率和风能频率分布直方图

12.5.2　科尔沁右翼中旗高力板气象站

高力板气象站为国家基本气象站(台站号:54031),站址位置东经121.816 7°,北纬44.9°;观测场海拔高度198.3 m。

(1)气象站多年(2000—2019 年)平均风速及风向见表 12-26 ~ 表 12-28、图 12-21、图 12-22。

表 12-26　气象站累年风速年际变化

年份	2000	2001	2002	2003	2004	2005	2006	2007	2008	2009	2010
风速/(m/s)	3.46	3.91	3.57	3.35	3.53	3.44	3.14	3.16	3.08	2.77	2.97
年份	2011	2012	2013	2014	2015	2016	2017	2018	2019	平均风速	
风速/(m/s)	2.67	2.52	2.33	1.9	1.93	2.65	2.6	2.53	2.40	2.90	

表 12-27　气象站累年逐月平均风速

月份	1	2	3	4	5	6	7	8	9	10	11	12	平均
风速/(m/s)	3.08	3.33	3.75	3.98	3.30	2.51	2.17	1.95	2.15	2.63	2.85	3.06	2.90

表 12-28　气象站全年各风向频率

风向	NNE	NE	ENE	E	ESE	SE	SSE	S	SSW	SW	WSW	W	WNW	NW	NNW	N	C
近 20 年风向频率	6.1	4.2	2.5	2.3	1.9	2.7	4.2	7.4	6.8	6.4	4.1	6.2	10.3	15.7	6.7	6.1	5.9
2019 年风向频率	6.24	4.41	2.49	1.66	1.07	1.41	3.82	8.16	9.41	7.49	6.16	6.66	12.24	12.74	5.91	6.07	3.07

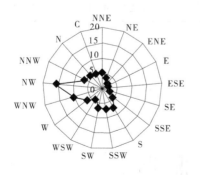 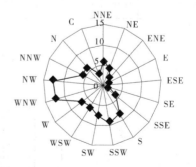

图 12-21　气象站近 20 年全年风向频率玫瑰图　　图 12-22　气象站 2019 年全年风向频率玫瑰图

(2)2019 年气象站 10 m 高度各月风速及风功率密度见表 12-29、图 12-23。

表 12-29　10 m 高度各月风速及风功率密度

月份	1	2	3	4	5	6	7
风速/(m/s)	2.51	2.38	2.91	3.10	2.85	2.51	1.69
风功率密度/(W/m²)	19.62	16.15	32.91	36.17	29.53	20.99	7.53
月份	8	9	10	11	12	平均	
风速/(m/s)	1.89	1.93	2.36	2.47	2.04	2.39	
风功率密度/(W/m²)	8.77	10.41	18.33	20.78	11.42	19.38	

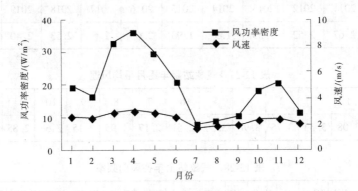

图 12-23　10 m 高度风速及风功率密度年变化

（3）2019 年气象站 10 m 高度风速频率和风能频率分布见表 12-30、图 12-24。

表 12-30　10 m 高度风速频率和风能频率分布

风速段/(m/s)	<0.1	1	2	3	4	5	6	7	8	9	10
风速频率/%	1.86	15.86	28.98	24.55	15.73	8.39	3.26	0.99	0.27	0.06	0.03
风能频率/%	0.00	0.26	3.89	13.92	23.21	25.32	18.29	9.11	3.83	1.19	0.98

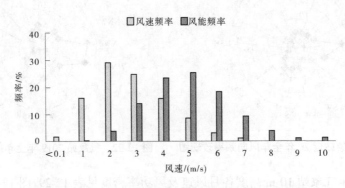

图 12-24　10 m 高度风速频率和风能频率分布直方图

12.6 扎赉特旗风能资源

12.6.1 扎赉特气象站

扎赉特气象站为国家基本气象站(台站号:50833),站址位置东经122.875°,北纬46.739 4°;观测场海拔高度218.6 m。

(1)气象站多年(2000—2019年)平均风速及风向见表12-31~表12-33、图12-25、图12-26。

表12-31 气象站累年风速年际变化

年份	2000	2001	2002	2003	2004	2005	2006	2007	2008	2009	2010
风速/(m/s)	2.58	3.27	3.48	3.37	3.33	2.74	2.6	2.51	2.43	2.58	2.47
年份	2011	2012	2013	2014	2015	2016	2017	2018	2019	平均风速	
风速/(m/s)	2.29	2.23	2.33	2.35	2.56	2.59	2.69	2.52	3.91	2.74	

表12-32 气象站累年逐月平均风速

月份	1	2	3	4	5	6	7	8	9	10	11	12	平均
风速/(m/s)	2.3	2.68	3.26	3.65	3.51	2.76	2.47	2.36	2.49	2.67	2.51	2.28	2.74

表12-33 气象站全年各风向频率

风向	NNE	NE	ENE	E	ESE	SE	SSE	S	SSW	SW	WSW	W	WNW	NW	NNW	N	C
近20年风向频率	5.6	3.8	2.9	2.3	2.6	3.5	5.3	6.6	4.9	3.6	4.9	6.4	12.9	12.9	8.9	8.5	4.1
2019年风向频率	5.33	2.75	1.83	1.83	1.66	2.58	4.83	6.58	6.66	5.83	5.83	11.91	13.75	10.25	9.5	7.58	0.5

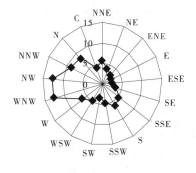

图12-25 气象站近20年全年风向频率玫瑰图　图12-26 气象站2019年全年风向频率玫瑰图

(2)2019年气象站10 m高度各月风速及风功率密度见表12-34、图12-27。

表 12-34　10 m 高度各月风速及风功率密度

月份	1	2	3	4	5	6	7
风速/(m/s)	3.88	4.08	4.55	5.30	5.88	4.06	2.68
风功率密度/(W/m²)	74.47	69.78	115.48	169.46	266.79	78.76	24.94
月份	8	9	10	11	12	平均	
风速/(m/s)	2.90	3.16	3.84	3.49	3.01	3.90	
风功率密度/(W/m²)	27.96	36.67	69.07	53.29	36.00	85.22	

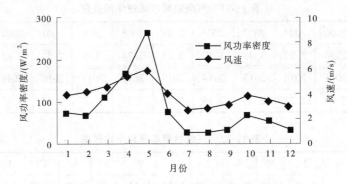

图 12-27　10 m 高度风速及风功率密度年变化

（3）2019 年气象站 10 m 高度风速频率和风能频率分布见表 12-35、图 12-28。

表 12-35　10 m 高度风速频率和风能频率分布

风速段/(m/s)	<0.1	1	2	3	4	5	6	7	8
风速频率/%	0.25	5.53	15.62	19.21	18.16	16.16	10.02	5.95	3.58
风能频率/%	0.00	0.02	0.53	2.50	6.27	11.37	12.77	12.40	11.59
风速段/(m/s)	9	10	11	12	13	14	15	>15	
风速频率/%	2.34	1.54	0.70	0.39	0.22	0.17	0.03	0.13	
风能频率/%	10.99	10.01	6.09	4.46	3.22	3.26	0.77	3.73	

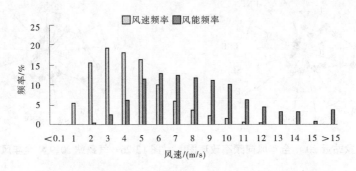

图 12-28　10 m 高度风速频率和风能频率分布直方图

12.6.2 扎赉特旗胡尔勒气象站

胡尔勒气象站为国家基本气象站(台站号:50832),站址位置东经122.083 3°,北纬46.716 7°;观测场海拔高度332.6 m。

(1)气象站多年(2000—2019年)平均风速及风向见表12-36~表12-38、图12-29、图12-30。

表12-36 气象站累年风速年际变化

年份	2000	2001	2002	2003	2004	2005	2006	2007	2008	2009	2010
风速/(m/s)	3.01	3.19	3.23	3.23	3.62	3.43	3.2	2.94	3.1	3.17	2.94
年份	2011	2012	2013	2014	2015	2016	2017	2018	2019	平均风速	
风速/(m/s)	2.93	2.79	3.09	2.52	2.73	2.95	3.2	2.9	2.91	3.05	

表12-37 气象站累年逐月平均风速

月份	1	2	3	4	5	6	7	8	9	10	11	12	平均
风速/(m/s)	2.61	3.08	3.88	4.22	3.88	2.78	2.64	2.46	2.73	3.09	2.68	2.62	3.05

表12-38 气象站全年各风向频率

风向	NNE	NE	ENE	E	ESE	SE	SSE	S	SSW	SW	WSW	W	WNW	NW	NNW	N	C
近20年风向频率	4.7	4.4	2.7	2.4	1.7	2.2	3.3	7.8	9.6	5.6	4.7	5.8	6.5	11.8	9.6	5.8	11.3
2019年风向频率	6.08	5.42	3.58	2.75	1.42	2.08	3.25	6.58	10.5	8.08	5.67	7.33	5.67	9.75	12.08	7	1.42

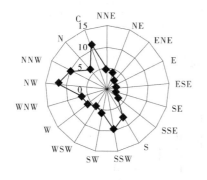

图12-29 气象站近20年全年风向频率玫瑰图　　图12-30 气象站2019年全年风向频率玫瑰图

(2)2019年气象站10 m高度各月风速及风功率密度见表12-39、图12-31。

表 12-39   10 m 高度各月风速及风功率密度

月份	1	2	3	4	5	6	7
风速/(m/s)	3.29	3.12	3.34	3.97	4.15	2.74	2.12
风功率密度/(W/m²)	66.97	48.14	52.91	78.64	98.81	28.46	14.28
月份	8	9	10	11	12	平均	
风速/(m/s)	2.32	2.43	2.81	2.57	2.08	2.91	
风功率密度/(W/m²)	16.88	25.94	35.43	34.47	19.98	43.41	

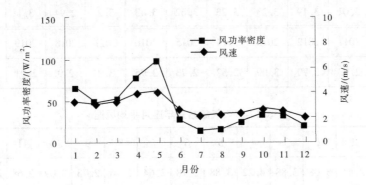

图 12-31   10 m 高度风速及风功率密度年变化

（3）2019 年气象站 10 m 高度风速频率和风能频率分布见表 12-41、图 12-32。

表 12-40   10 m 高度风速频率和风能频率分布

风速段/(m/s)	<0.1	1	2	3	4	5	6
风速频率/%	0.47	15.86	27.73	16.42	13.78	10.10	7.49
风能频率/%	0.00	0.13	1.55	4.13	9.23	14.12	18.92
风速段/(m/s)	7	8	9	10	11	12	13
风速频率/%	4.16	2.15	1.15	0.53	0.10	0.05	0.03
风能频率/%	17.35	13.61	10.55	6.63	1.76	0.97	1.05

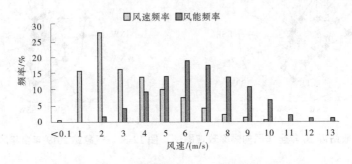

图 12-32   10 m 高度风速频率和风能频率分布直方图

附录　各地风电场实测数据

1　呼和浩特

1.1　武川

风电场位于武川县,东南距可可以力更镇 7 km,地理坐标为 N41°08.537′,E110°42.74′,海拔高度:1 928 m;时段(1978—2007 年)10 m 高代表年平均风速为 6.2 m/s,平均风功率密度为 233.2 W/m²。

数据来源:武川三圣太风电场项目。

1.2　和林

风电场位于和林格尔县境内,地理坐标为 N39°58′~40°41′,E111°26′~112°18′,海拔高度:1 645~1 745 m;时段(1978—2007 年)10 m 高代表年平均风速为 6.76 m/s,平均风功率密度为 292 W/m²。

数据来源:和林石门子风电场项目。

2　包头

2.1　固阳县

风电场位于固阳县城东北约 20 km,地理坐标为 N41°12′42″,E110°16′42″,海拔高度:1 664 m;时段(1977—2007 年)10 m 高代表年平均风速为 5.2 m/s,平均风功率密度为 152.9 W/m²。

数据来源:固阳县怀朔风电场项目。

2.2　达茂旗

(1)风电场位于达茂旗东南部,距百灵庙 30 km,地理坐标为 N41°30′10″,E110°40′29″,海拔高度:1 560 m;时段(1971—2000 年)10 m 高代表年平均风速为 5.1 m/s,平均风功率密度为 141.9 W/m²。

数据来源:金州百灵庙风电场项目。

(2)风电场位于达茂旗西部,白云鄂博矿区西南约 25 km,地理坐标为 N41°34′,E109°52′,海拔高度:1 611 m;时段(1980—2005 年)10 m 高代表年平均风速为 5.9 m/s,平均风功率密度为 220 W/m²。

数据来源:华能茂明风电场项目。

(3)风电场位于达茂旗,东邻白云鄂博矿区,地理坐标为 N41°45′47″,E109°44′25″,海拔高度:1 641 m;时段(1971—2006 年)10 m 高代表年平均风速为 6.6 m/s,平均风功率密度为 284.9 W/m²。

数据来源:金风达茂风电场项目。

(4)风电场位于达茂旗百灵庙镇东北约 22 km 处,地理坐标为 N41°50′,E110°38′,海拔高度:1 521~1 572 m;风电场 10 m 高代表年平均风速为 6.3 m/s,平均风功率密度为 220.4 W/m²。

数据来源:京能达茂巴音风电场项目。

3　锡林郭勒盟

3.1　镶黄旗

风电场位于镶黄旗巴音塔拉苏木,地理坐标为 N42°22′,E114′15″,海拔高度:1 470 m;时段(1959—2004 年)10 m 高代表年平均风速为 7.3 m/s,平均风功率密度为 353.2 W/m²。

数据来源:华巍科贸镶黄旗风电场项目。

3.2　阿巴嘎旗

风电场位于锡林浩特南部与阿巴嘎东南部交界的辉腾梁上,地理坐标为 N43°32′25″,E116°09′44″;时段(1984—2004 年)10 m 高代表年平均风速为 5.6 m/s,平均风功率密度为 194.7 W/m²。

数据来源:国泰辉腾梁风电场项目。

3.3　太仆寺旗

(1)风电场位于太仆寺旗县城正南方约 17 km,地理坐标为 N41°47.953′,E115°160.40′,海拔高度:1 498 m;时段(1999—2010)10 m 高代表年平均风速为 6.47 m/s,平均风功率密度为 349 W/m²。

数据来源:太仆寺旗贡宝拉格风电场项目。

(2)风电场位于太仆寺旗红旗乡北侧,地理坐标为 N42°04′,E115°03′,海拔高度:1 392~1 489 m;风电场 10 m 高代表年平均风速为 6.6 m/s,平均风功率密度为 290.1 W/m²。

数据来源:太仆寺旗红旗风电场项目。

3.4　苏尼特右旗

(1)风电场位于苏尼特右旗朱日和镇西北约 10 km,地理坐标为 N42°31′08″,E112°46′58″,海拔高度:1 163 m;时段(1988—2006 年)10 m 高代表年平均风速为 6 m/s,平均风功率密度为 228.8 W/m²。

数据来源:中广核苏尼特风电场项目。

(2)风电场位于苏尼特右旗朱日和镇西北 12 km 处,地理坐标为 N42°33′,E112°46′,海拔高度:1 392~1 489 m;风电场 10 m 高代表年平均风速为 5.73 m/s,平均风功率密度为 242.79 W/m²。

数据来源:苏尼特右旗朱日和风电场项目。

(3)风电场位于锡林浩特辉腾梁上,地理坐标为 N43°28′,E115°51′,海拔高度:1 350 m;时段(1981—2004 年)10 m 高代表年平均风速为 6.6 m/s,平均风功率密度为 264.0 W/m²。

数据来源:大唐锡盟辉腾梁风电场项目。

3.5　二连浩特

风电场位于二连浩特锡约 7 km 处,地理坐标为 N41°38′57″,E111°53′30″,海拔高度:975.4 m;时段(1997—2006 年)10 m 高代表年平均风速为 5.4 m/s,平均风功率密度为177.3 W/m²。

数据来源:内蒙能源二连浩特风电场项目。

3.6　正镶白旗

(1)风电场位于正镶白旗乌宁巴图镇,地理坐标为 N42°20′,E114°37′,海拔高度:1 300~1 550 m;风电场 10 m 高代表年平均风速为 5.4 m/s,平均风功率密度为 188.3 W/m²。

数据来源:正镶白旗乌宁巴图风电场项目。

(2)风电场位于正镶白旗宝力根陶海苏木的西北,地理坐标为 N42°28.29′,E115°22.545′,海拔高度:1 233 m;风电场 10 m 高代表年平均风速为 5.41 m/s,平均风功率密度为 188.5 W/m²。

数据来源:正镶白旗哲里根图风电场项目。

4　乌兰察布

4.1　察哈尔右翼中旗

(1)风电场位于察哈尔右翼中旗科布尔镇南部,地理坐标为 N41°04′,E112°38′,海拔高度:2 032 m;时段(1982—2006 年)10 m 高代表年平均风速为 7.6 m/s,平均风功率密度为 402.8 W/m²。

数据来源:大唐国际卓资风电场项目。

(2)风电场位于察哈尔右翼中旗黄羊城镇东,地理坐标为 N41°23′00″,E112°26′00″,海拔高度:2 032 m;风电场 70 m 高代表年平均风速为 8.9 m/s,平均风功率密度为 620.2 W/m²。

数据来源:恒润大阪梁风电场项目。

4.2　商都

(1)风电场位于商都镇约 7 km,地理坐标为 N41°27.162′,E113°33.844′,海拔高度:1 376 m;时段(1971—2006 年)10 m 高代表年平均风速为 5.58 m/s,平均风功率密度为205 W/m²。

数据来源:长胜梁风电场项目。

(2)风电场位于商都县北约 20 km 处,地理坐标为 N41°04′~42°08′,E113°19′~113°34′,海拔高度:1 483~1 553 m;风电场 10 m 高代表年平均风速为 6.88 m/s,平均风功率密度为 358 W/m²。

数据来源:龙源商都风电场项目。

(3)风电场位于商都县西北吉庆梁,地理坐标为 N41°49.6′,E113°23.3′,海拔高度:1 550 m;时段(1971—2005 年)10 m 高代表年平均风速为 7.16 m/s,平均风功率密度为376.1 W/m²。

数据来源:商都吉庆梁风电场项目。

（4）风电场位于商都县屯垦队镇巴彦沟,地理坐标为 N41°50′27″,E113°30′39″,海拔高度:1 607 m;时段(1977—2007 年)10 m 高代表年平均风速为 7.32 m/s,平均风功率密度为 394.56 W/m²。

数据来源:乌兰察布大脑包风电场项目。

4.3 化德县

风电场位于化德县西南长顺镇,地理坐标为 N41°51′20″,E113°56′32″,海拔高度:1 595 m;时段(1971—2005 年)10 m 高代表年平均风速为 7.5 m/s,平均风功率密度为 444 W/m²。

数据来源:化德长顺风电场项目。

4.4 四子王旗

（1）风电场位于乌兰花北约 18 km,地理坐标为 N41°40′10″,E111°39′28″,海拔高度:1 486 m;时段(1977—2007 年)10 m 高代表年平均风速为 5.2 m/s,平均风功率密度为 160.8 W/m²。

数据来源:四子王乌兰花风电场项目。

（2）风电场位于乌兰花镇东北约 70 km 处,地理坐标为 N41°57′40″,E112°18′00″,海拔高度:1 000~2 100 m;时段(1977—2007 年)10 m 高代表年平均风速为 7.8 m/s,平均风功率密度为 472.5 W/m²。

数据来源:四子王旗幸福风电场项目。

（3）风电场位于四子王旗乌兰花境内,地理坐标为 N41°40′10″,E111°39′28″,海拔高度:1 484 m;时段(1990—2006 年)10 m 高代表年平均风速为 5.2 m/s,平均风功率密度为 160.8 W/m²。

数据来源:四子王旗杜尔伯特风电场项目。

4.5 察哈尔右翼后旗

风电场位于察哈尔右翼后旗巴音锡勒境内,地理坐标为 N41°08′4.3″,E112°44′48.9″,海拔高度:1 966 m;时段(1987—2005 年)10 m 高代表年平均风速为 7.5 m/s,平均风功率密度为 383.3 W/m²。

数据来源:巴音风电场项目。

4.6 察右中旗

（1）风电场位于察右中旗辉腾梁山区,地理坐标为 N41°11.285′,E112°555′,海拔高度:2 099 m;时段(1997—2007 年)10 m 高代表年平均风速为 7.33 m/s,平均风功率密度为 436.4 W/m²。

数据来源:察右中风电场项目。

（2）风电场位于察右中旗科布尔南部,地理坐标为 Y=19 638 874,X=4 550 071(北京坐标系);时段(1982—2005 年)10 m 高代表年平均风速为 7.6 m/s,平均风功率密度为 402.8 W/m²。

数据来源:大唐卓资风电场项目。

4.7 兴和县

风电场位于兴和城关镇北部,地理坐标为 N41°9′12.33″~41°12′32.28″,E112°18′00″~

112°18′00″;海拔高度:1 422~1 481 m;风电场 10 m 高代表年平均风速为 5.7 m/s,平均风功率密度为 181 W/m²。

数据来源:兴和风电场项目。

4.8 察哈尔右翼前旗

风电场位于察哈尔右翼前旗玫瑰营镇,地理坐标为 N41°04′,E113°30′,海拔高度:1 550~1 650 m;风电场 65 m 高代表年平均风速为 8.4 m/s,平均风功率密度为 553.3 W/m²。

数据来源:华电玫瑰营风电场项目。

5 鄂尔多斯市

杭锦旗:

(1)风电场位于杭锦旗伊和乌素镇西侧约 35 km,地理坐标为 N40°09′16″,E113°12′39.6″,海拔高度:1 560 m;风电场 65 m 高代表年平均风速为 5.2 m/s,平均风功率密度为 159.9 W/m²。

数据来源:杭锦旗乌吉尔风电场项目。

(2)风电场位于杭锦旗锡尼镇西北 112 km,地理坐标为 N40°07′44″,E107°35′08″,海拔高度:1 206 m;时段(1976—2006 年)10 m 高代表年平均风速为 5.9 m/s,平均风功率密度为 205.5 W/m²。

数据来源:杭锦旗伊和乌素风电场项目。

(3)风电场位于杭锦旗巴拉贡东南约 21 km 处,地理坐标为 N40°11′,E107°16′,海拔高度:1 145~1 321 m;10 m 高代表年平均风速为 5.1 m/s,平均风功率密度为 167.6 W/m²。

数据来源:大漠杭锦乌吉尔风电场项目。

6 巴彦淖尔市

6.1 乌拉特后旗

(1)风电场位于乌拉特后旗,地理坐标为 N41°31.71′,E106°54.61′,海拔高度:1 635 m;时段(1988—2007 年)10 m 高代表年平均风速为 7.48 m/s,平均风功率密度为 545 W/m²。

数据来源:乌拉特后旗塞乌素风电场项目。

(2)风电场位于乌拉特后旗乌力吉苏木境内,地理坐标为 N41°29.613′,E106°37.212′,海拔高度:1 603 m;时段(1997—2006 年)10 m 高代表年平均风速为 6.2 m/s,平均风功率密度为 224.1 W/m²。

数据来源:乌拉特后旗风电场项目。

(3)风电场位于乌拉特后旗乌力吉苏木西 3 km,地理坐标为 N41°35′34″,E106°27′26″,海拔高度:1 360 m;风电场 10 m 高代表年平均风速为 6.6 m/s,平均风功率密度为 255 W/m²。

数据来源:乌拉特后旗乌力吉风电场项目。

6.2 乌拉特中旗

(1)风电场位于乌拉特中旗川井苏木境内,地理坐标为 N42°01′26.7″,E107°57′57.1″,海拔高度:1 603 m;时段(1955—2005 年)10 m 高代表年平均风速为 7.3 m/s,平均风功率密度为 392 W/m²。

数据来源:呼格吉勒图风电场项目。

(2)风电场位于乌拉特中旗杭盖苏木境内,地理坐标为 N42°00′48″,E107°53′46″,海拔高度:1 345 m;时段(1984—2005 年)10 m 高代表年平均风速为 6.6 m/s,平均风功率密度为 308 W/m²。

数据来源:漳泽电力乌拉特中旗风电场项目。

(3)风电场位于乌拉特后旗临河以南 50 km,地理坐标为 N41°34′20″,E106°58′50″,海拔高度:1 635 m;时段(1981—2006 年)10 m 高代表年平均风速为 6.67 m/s,平均风功率密度为 509 W/m²。

数据来源:塞乌素风电场项目。

7 阿拉善盟

阿左旗:

风电场位于阿左旗南部,贺南山西侧,地理坐标为 N38°15′,E105°38′,海拔高度:1 450 m;风电场 10 m 高代表年平均风速为 7.41 m/s,平均风功率密度为 415 W/m²。

数据来源:阿左旗贺南山风电场项目。

8 赤峰市

8.1 克什克腾旗

(1)风电场位于克旗南部,地理坐标为 N42°45.006′,E117°55.332′,海拔高度:1 633 m;时段(1985—2004 年)10 m 高代表年平均风速为 7.25 m/s,平均风功率密度为 453.5 W/m²。

数据来源:大唐克旗塞罕坝风电场项目。

(2)风电场位于克旗东南部,地理坐标为 N41°15′,E117°32′,海拔高度:1 103 m;时段(1981—2005 年)10 m 高代表年平均风速为 7.2 m/s,平均风功率密度为 341.7 W/m²。

数据来源:克旗朗城瑞上头土风电场项目。

(3)风电场位于克旗南部赛罕坝,地理坐标为 N42°36.335′,E117°40.959′,海拔高度:1 781 m;时段(1973—2005 年)10 m 高代表年平均风速为 8.47 m/s,平均风功率密度为 534 W/m²。

数据来源:赤峰一棵松风电场项目。

8.2 翁牛特旗

(1)风电场位于翁牛特旗杨树沟门乡,距赤峰市约 90 km,地理坐标为 N42°40′09″,E117°54′24″,海拔高度:1 702 m;时段(1976—2005 年)10 m 高代表年平均风速为 7.39 m/s,平均风功率密度为 449 W/m²。

数据来源:翁牛特旗五道沟风电场项目。

（2）风电场位于翁牛特旗，距赤峰市约 140 km，地理坐标为 N42°45′44″,E117°59′38″,海拔高度：1 590 m；时段(1971—2005 年)55 m 高代表年平均风速为 8.44 m/s，平均风功率密度为 557 W/m²。

数据来源：翁牛特旗五道沟西沟里风电场项目。

（3）风电场位于翁牛特旗，距乌丹镇约 90 km，地理坐标为 N42°41′21″,E118°02′57″,海拔高度：1 650 m；时段(1976—2005 年)55 m 高代表年平均风速为 8.43 m/s，平均风功率密度为 742 W/m²。

数据来源：翁牛特旗孙家营风电场项目。

8.3 赤峰松山区

（1）风电场位于赤峰松山区，地理坐标为 N42°38′39″,E118°04′42″,海拔高度：1 601 m；时段(1977—2006 年)10 m 高代表年平均风速为 9.03 m/s，平均风功率密度为 651 W/m²。

数据来源：赤峰松山区老水泉风电场项目。

（2）风电场位于赤峰松山区，地理坐标为 N42°37,E117°56′,海拔高度：1 660 m；时段(1977—2005 年)30 m 高代表年平均风速为 9.03 m/s，平均风功率密度为 749 W/m²。

数据来源：赤峰大碾子风电场项目。

8.4 敖汉旗

风电场位于敖汉旗，距新惠镇 45 km，地理坐标为 N42°40′41.6″,E119°51′33.4″,海拔高度：558 m；时段(1979—2008 年)10 m 高代表年平均风速为 4.72 m/s，平均风功率密度为 191 W/m²。

数据来源：敖汉旗风电场项目。

8.5 林西县

风电场位于林西县城，距林西县城约 50 km，地理坐标为 N44°04′03″,E117°44′56″,海拔高度：1 270 m；时段(1976—2005 年)50 m 高代表年平均风速为 7.8 m/s，平均风功率密度为 734 W/m²。

数据来源：林西水菠萝风电场项目。

8.6 巴林右旗

风电场位于巴林右旗大阪镇东北约 14 km，地理坐标为 N43°35′50.7″,E118°50′30.9″,海拔高度：735 m；时段(1979—2008 年)50 m 高代表年平均风速为 5.83 m/s，平均风功率密度为 262 W/m²。

数据来源：巴林右旗风电场项目。

9 通辽市

9.1 阿鲁科尔沁旗

风电场位于阿鲁科尔沁区，距市区约 18 km，地理坐标为 N43°36.5′,E121°55′,海拔高度：189 m；时段(1977—2006 年)55 m 高代表年平均风速为 7.1 m/s，平均风功率密度为 371 W/m²。

数据来源：科尔沁莫力庙风电场项目。

9.2 科左中旗

(1)风电场位于科左中旗保康镇,地理坐标为 N44°15′52″,E122°43′44″,海拔高度:147 m;时段(1971—2007 年)10 m 高代表年平均风速为 4.34 m/s,平均风功率密度为 77 W/m²。

数据来源:科左中旗代力吉敖日木风电场项目。

(2)风电场位于科左中旗舍伯吐西北,地理坐标为 N43°58′24″,E121°53′37″,海拔高度:182 m;时段(1977—2006 年)10 m 高代表年平均风速为 4.38 m/s,平均风功率密度为 118 W/m²。

数据来源:科左中旗舍伯吐北新艾勒风电场项目。

(3)风电场位于科左中旗代力吉镇,地理坐标为 N44°16.167″,E122°53.758′,海拔高度:153 m;时段(1971—2006 年)50 m 高代表年平均风速为 6.64 m/s,平均风功率密度为 294 W/m²。

数据来源:科左中旗风电场项目。

9.3 阿鲁科尔沁旗

风电场位于阿鲁科尔沁东北部距天山镇 19 km,地理坐标为 N44°01′15.6″,E120°11′38.16″,海拔高度:480 m;时段(1961—2006 年)10 m 高代表年平均风速为 4.5 m/s,平均风功率密度为 116.3 W/m²。

数据来源:阿鲁科尔沁旗道德风电场项目。

9.4 霍林格勒

风电场位于霍林河市西南部,南露天矿以南 5 km 处,地理坐标为 N45°26.684′,E119°22.416′,海拔高度:1 095 m;时段(1990—2006 年)10 m 高代表年平均风速为 5.47 m/s,平均风功率密度为 233.4 W/m²。

数据来源:京能霍林河风电场项目。

9.5 奈曼旗

(1)风电场位于奈曼旗八仙筒镇西北,地理坐标为 N43°17.666′,E120°58.458′,海拔高度:289 m;时段(1988—2007 年)10 m 高代表年平均风速为 4.71 m/s,平均风功率密度为 125 W/m²。

数据来源:奈曼旗八仙筒哈日塘风电场项目。

(2)风电场位于奈曼旗境内图布日格,地理坐标为 N42°51.523′,E121°55.001′,海拔高度:375 m;时段(1976—2005 年)10 m 高代表年平均风速为 4.8 m/s,平均风功率密度为 118.6 W/m²。

数据来源:奈曼旗秦天风电图布日格风电场项目。

9.6 扎鲁特

(1)风电场位于扎鲁特乌力吉木仁苏木,距鲁北镇 55 km,地理坐标为 N44°03′35″,E120°44′26″,海拔高度:315 m;时段(1987—2006 年)10 m 高代表年平均风速为 4.95 m/s,平均风功率密度为 139.71 W/m²。

数据来源:华能扎鲁特乌力吉木仁风电场项目。

(2)风电场位于扎鲁特旗鲁北镇东北方向 8.18 km,地理坐标为 N44°38.75′,E121°1.08′,海拔高度:348 m;时段(2005—2010 年)10 m 高代表年平均风速为 6.51 m/s,平均风功率密度为 346.51 W/m²。

数据来源:扎鲁特旗道老杜北风电场项目。

(3)风电场位于扎鲁特旗政府南部约 35 km 处,地理坐标为 N44°17.284′,E120°55.461′,海拔高度:319 m;风电场 10 m 高代表年平均风速为 6.18 m/s,平均风功率密度为 282.2 W/m²。

数据来源:扎鲁特旗保安风电场项目。

10 呼伦贝尔市

10.1 新巴尔虎左旗

风电场位于新巴尔虎左旗中部的巴彦查干地区,地理坐标为 N48°33.692′,E118°17.208′,海拔高度:730 m;时段(1977—2006 年)10 m 高代表年平均风速为 6.05 m/s,平均风功率密度为 190.71 W/m²。

数据来源:国华呼伦贝尔新巴尔虎左旗风电场项目。

10.2 陈巴尔虎旗

风电场位于陈巴尔虎旗西南约 18 km,地理坐标为 N49°14.59′,E119°12.48′,海拔高度:70 m;时段(1971—2006 年)10 m 高代表年平均风速为 7.17 m/s,平均风功率密度为 406 W/m²。

数据来源:呼伦贝尔陈巴尔虎旗风电场项目。

10.3 满洲里

风电场位于满洲里市区东南约 14 km 处,地理坐标为 N49°20.450′,E117°38.540′,海拔高度:613 m;时段(1980—2006 年)10 m 高代表年平均风速为 5.8 m/s,平均风功率密度为 262.4 W/m²。

数据来源:满洲里深能源风电场项目。

10.4 额尔古纳旗

风电场位于额尔古纳黑山头镇,地理坐标为 N50°24′,E119°38′,海拔高度 850 m;风电场 10 m 高代表年平均风速为 5.7 m/s,平均风功率密度为 252 W/m²。

数据来源:额尔古纳黑山头风电场项目。

11 兴安盟

科右前旗:

(1)风电场位于科右前旗额尔顿嘎查区,地理坐标为 N46°22′10.9″,E122°32′18″,海拔高度:275 m;时段(1978—2007 年)10 m 高代表年平均风速为 5.15 m/s,平均风功率密度为 161.9 W/m²。

数据来源:深能源科右前旗风电场项目。

(2)风电场位于科右前旗额尔格图镇,距乌兰浩特市 45 km,地理坐标为 N46°16′31.8″,E122°15′35.8″,海拔高度:410 m;时段(1974—2005 年)50 m 高代表年平均风速为 7.36 m/s,平均风功率密度为 400.6 W/m²。

数据来源:科右前旗额尔格图风电场项目。

参 考 文 献

[1] 水电水利规划设计总院.中国可再生能源发展报告2020[M].北京:中国水利水电出版社,2021.

[2] 中国电力企业联合会.中国电力行业年度发展报告2020[M].北京:中国建材工业出版社,2020.

[3] 郑伟,何世恩,智勇,等.大型风电基地的发展特点探讨[J].电力系统保护与控制,2014,42(22):57-61.

[4] 国家能源局.风电发展"十三五"规划[R].2016.

[5] 吴义纯.含风电场的电力系统可靠性与规划问题的研究[D].合肥:合肥工业大学,2006.

[6] 陈远.风电场接入系统规划设计研究[D].保定:华北电力大学,2011.

[7] 甘磊.考虑大型新能源发电基地接入的大电网规划方法研究[D].北京:华北电力大学(北京),2017.

[8] 闫征.大规模并网风电场选址及装机容量优化研究[D].青岛:青岛大学,2018.

[9] 解文涛.大规模风电场群功率汇聚外送规划方法研究[D].吉林:东北电力大学,2016.

[10] 崔杨,穆钢,刘玉,等.风电功率波动的时空分布特性[J].电网技术,2011,35(2):110-114.

[11] 姜文玲,王勃,汪宁渤,等.多时空尺度下大型风电基地出力特性研究[J].电网技术,2017,41(2):493-499.

[12] 刘学.考虑风电相关性的多目标电网规划方法研究[D].保定:华北电力大学,2015.

[13] 徐泳淼,林权.大规模风电接入对电网电压的影响及应对措施[J].电子技术与软件工程,2018(9):218.

[14] 郑国强,鲍海,陈树勇.基于近似线性规划的风电场穿透功率极限优化的改进算法[J].中国电机工程学报,2004(10):70-73.

[15] 李斯.基于鲁棒优化的风电并网穿透功率极限研究[D].长沙:长沙理工大学,2011.

[16] 杨芸槿.计及N-1安全约束的含风电场电力系统扩展规划[J].电工技术,2018(22):100-103.

[17] 张翔,张永刚,尉孟涛.基于尾流效应影响的风电场选址规划研究[J].工程技术研究,2018(12):26-28.

[18] 张步涵,邵剑,吴小珊,等.基于场景树和机会约束规划的含风电场电力系统机组组合[J].电力系统保护与控制,2013,41(1):127-135.

[19] 张亚超,刘开培,廖小兵,等.含大规模风电的电力系统多时间尺度源荷协调调度模型研究[J].高电压技术,2019,45(2):600-608.

[20] 于源.大规模风电接入对乌拉特中旗电网的影响研究[D].北京:华北电力大学(北京),2009.

[21] 刘建超.大规模风电接入对电力系统电能质量和继电保护的影响[J].科技风,2018(30):172-173.

[22] 王宁,程磊.风电场建设规划环境影响识别与评价指标体系[J].中国资源综合利用,2018,36(9):156-158.

[23] 陈春喜.风电场规划开发容量优化方法研究[J].科技创新与应用,2017(2):42-43.

[24] 田书欣.考虑大规模风电接入的输电网规划方法研究[D].上海:上海交通大学,2016.

[25] 杨林.风电场群持续功率特性研究及其在输电规划中的应用[D].吉林:东北电力大学,2015.

[26] 刘建良,杨超.考虑风电场接入的电源规划研究[J].科技与企业,2014(8):150-151.

[27] 张指毓.并网风电场的选址定容规划及其评价[D].秦皇岛:燕山大学,2014.

[28] 张东升,穆钢,乔颖.风电场(集群)的无功优化规划研究[J].广东电力,2012,25(8):52-60.

[29] 吴耀武,邴焕帅,娄素华.含风电场的电力系统中考虑调峰压力平衡的机组检修规划模型[J].电网技术,2012,36(11):94-100.

[30] 罗婧.计及风电场的输电网扩展规划方法研究[D].保定:华北电力大学,2012.

[31] 张彦昌,石巍.大型风电场升压站规划分析[J].电工电气,2011(9):23-26.

[32] 张立军.风电场建模及电源扩展规划研究[D].合肥:合肥工业大学,2006.

[33] 朱明.高效发展可再生能源 推动能源绿色低碳转型[N].中国电力报,2016-12-16(002).

[34] 郑美华,黄邦根.全球能源危机条件下的中国经济可持续发展研究[J].北方经济,2008(19):38-39.

[35] 热西提姑·艾海提.新疆风能资源的开发利用及其综合评价研究[D].乌鲁木齐:新疆大学,2014.

[36] 预测未来5年全球风电市场发展势头仍强劲[J].电器工业,2011(5):2-4.

[37] 陈阳.风电预报:知发电预期 促电力调度[N].中国经济导报,2013-05-04(B03).

[38] 王佳.内蒙古商都化德风区风电场短期风速预报研究[D].南京:南京信息工程大学,2013.

[39] 范高锋,裴哲义,辛耀中.风电功率预测的发展现状与展望[J].中国电力,2011,44(6):39-41.

[40] 赵靓,薛辰.东润环能:给新能源插上科技的翅膀.风能[J].2014(9):28-32.

[41] 王文刚,刘建鹏,武环宇,等.风功率预测系统的应用与优化的讨论[J].科技创新与应用,2013(14):49-50.

[42] 王晨.风电功率预测预报系统投入市场运行[EB/OL].新气象.(2011-10-24)[2012-03-02].http://www.zgqxb.com.cn/xwbb/gdxx/news/201110/T20111024_21656.html.

[43] 杨秀媛,肖洋,陈树勇.风电场风速和发电功率预测研究[J].中国电机工程学报,2005,25(11):1-5.

[44] 钟宏宇,高阳,等.dbN小波变换在超短期风功率预测中的应用研究[J].沈阳工程学院学报(自然科学版),2015(3):203-208.

[45] 李泽椿,朱蓉,等.风能资源评估技术方法研究[J].气象学报,2007,65(5).

[46] 段学伟,王瑞琪,等.风速及风电功率预测研究综述[J].山东电力技术,2015(7):26-32.

[47] 杨晓萍,王宝,兰航,等.风电场短期功率预测[J].电力系统及其自动化学报,2015(9):85-90.

[48] 钱政,裴岩,曹利宵,等.风电功率预测方法综述[J].高电压技术,2016(4):1047-1060.

[49] 王国权,王森,刘华勇,等.风电场短期风速预测方法研究[J].可再生能源,2014(8):1134-1139.

[50] 黄帅.风电场超短期功率预测方法的研究[D].成都:电子科技大学,2012.

[51] 邱金鹏,牛东晓,小波.基于时间序列组合模型的风电功率预测[J].电力建设,2016(1):125-130.

[52] 钟宏宇,高阳,钟超,等.dbN小波变换在超短期风功率预测中的应用研究[J].沈阳工程学院学报(自然科学版),2015(3):203-208.

[53] 谢建民,邱毓昌.大型风力发电场选址与风力发电机优化匹配[J].太阳能学报,2001(4):466-472.

[54] 崔明建,孙元章,柯德平,等.基于原子稀疏分解理论的短期风电功率滑动预测[J].电力自动化设备,2014(1):120-127.

[55] 刘达新,迟文学,庞文静,等.基于GIS的风能资源观测评估系统研究[J].微计算机信息,2010(16):131-133.

[56] 胡立伟.基于GIS的风能预报技术[J].农业工程技术(新能源产业),2007(6):37-41.

[57] 侯国卿.内蒙古风力发电现状及前景[J].电力勘测设计,2004(3):77-80.

[58] 臧锐,冯守忠.内蒙古风能资源评价及风电场开发[J].风力发电,1998(2):20-24.

[59] 龚奂彰.基于区域气候模式的内蒙古地区风能资源预测评估[D].北京:华北电力大学,2019.

[60] 李栋栋.内蒙古地区风力发电的持续发展研究[D].保定:华北电力大学,2014.

［61］郭春燕.近 50 年内蒙古自治区风速变化周期及突变分析［J］.干旱区资源与环境,2015,29(9):
154-158.

［62］王钦,曾波,邓力.1981—2013 年内蒙古地区风速的时空变化特征［J］.内蒙古师大学报(自然汉文
版),2015(44):674-679.

［63］王佳,韩见弘,杨彩云.内蒙古商都化德风区风速气候变化特征分析［J］.北方环境,2013(8):123-
124.

［64］张宇.1976—2017 年内蒙古最大风速时空特征分析［J］.内蒙古气象,2019(4):22-25.

［65］潘霞,高永,刘博,等.近 36 年呼和浩特地区风速变化特征分析［J］.内蒙古农业大学学报(自然科
学版),2017(4):15-21.

［66］徐荣会.干旱区风电场对局地微气象环境的影响研究［D］.呼和浩特:内蒙古农业大学,2014.

［67］郭春燕,王佳.内蒙古风能资源利用与生态环境保护［C］//2017 中国环境科学学会科学与技术年
会论文集(第三卷).中国环境科学学会,2017.

［68］姜学恭,王德军,冯震,等.基于 MOS 的内蒙古风电场风机风速预报方法研究［J］.内蒙古气象,
2017(3):3-7.

［69］Jiang Ping Zou,Bi De Zhang,Yuan Tian. Short Term Wind Speed Prediction Based on Linear Combination
and Error Correction［J］. Applied Mechanics and Materials,2014,3012(521).

［70］Nielsen T S,Madsen H. WPPT—a tool for wind power prediction［C］. EWEA Special Topic Conference,
Kassel,2000.

［71］Miranda V,Cerqueira C,Monteiro C. Training a FIS with EPSO under an entropy criterion for wind Power
Prediction［C］. In:9th International Conference on Probabilistic Methods Applied to Power Systems
KTH,Stoekholm,Sweden,June 11-15,2006.

［72］PingJiang,YunWang,Jian-ZhouWang. Shortterm wind speed forecasting by using a hybrid model［J］. En-
ergy,2016.

［73］P. Pinson,G. Kariniotakis. On-line Assessment of Prediction Risk for Wind Power Production Forecasts
［J］. Wind Energy,2004,7(2):119-132.

［74］Mason IB. A model for assessment of weather forecasts［M］,Aust Meteorol Mag 1982,30:291-303.

［75］Peng Lv,Cheng Fei Jiang,Bing Wei Cui. Method of Forecast Wind Speed Based on Wavelet Analysis and
Quantile Regression［J］. Applied Mechanicsand Materials,2013,2370(313).

［76］Kariniotakis G,Marti I,Casas D,et al. What Performance can beexpected by short-term wind power Pre-
diction models depending on site characteristics［C］. In:Proceedings of European Wind Energy Confer-
ence,London,2004.

［77］Troen I,Landberg L. Short term Predietion of loeal wind eonditions［C］. In:Proeeedings of EuroPean
Community Wind Energy Conference,Madrid,Spain,1990:76-78.

［78］Landberg L. Amathematical look at a Physical Power Predietion model［J］. Wind Energy,1998,1(1):23-
28.

［79］Watson R,Landberg L,Costello R,et al. O'Donnell P. Evaluation of the Prediktor wind Power foreeasting
system in Ireland［C］. In:Proeeedings of EuroPean Wind Energy Conference,Copenhagen,2001.

［80］Y. D. Song. A New Approach for Wind Speed Prediction［J］. Wind Engineering,2009,24(1).

［81］G. Giebel,L. Landberg,T. S. Nielsen,et al. The Zephyr Project-The Next Generation Prediction System
［C］. Proceedings of European wind energy conference,Copenhagen, 2001.

［82］Yan Ru Zhao,Hong Li Zhang,Zhong Yue Su,et al. Multivariate Linear Wind Speed Forecast Method
Based on the SSA and WRF Model［J］. Applied Mechanics and Materials,2014,3012(521).

［83］Ashraf Ul Haque,Paras Mandal,Julian Meng,Michael Negnevitsky. Wind speed forecast model for wind farm based on a hybrid machine learning algorithm［J］. International Journal of Sustainable Energy, 2015,34(1).

［84］L. Landberg,S. J. Watson. Short-term Prediction of Local Wind Conditions［J］. Boundary-Layer Meteorology, 1994,70(1):171-195.

［85］Beyer H,Heinemann D,Mellinghoff H,et al. Foreeast of Regional Power output of wind turbines［C］. In: Proeeedings of EuroPean Wind Energy Conferenee,Nice,1999.

［86］Wegley H,Formica W. Test applications of a semi-objective approach to wind forecasting for wind energy applications［R］. PNL-4403,Pacific Northwest Laboratory 1983.

［87］H. Waldl, P. Brandt. Anemos. Rulez: rule based extreme event prediction and alarming to support the integration of wind power［C］. Intelligent System Application to Power Systems(ISAP),2011,16th International Conference on, 2011: 1-5.

［88］J. W Zack, M. C. Brower, H. Baileyb. Validating of the for ewind model in wind forecasting application ［C］. EUWECSpecial Topic Conference Wind Power for the 21st Century,Kassel Germany, 2000: 1-6.

［89］Xiao Bing Xu,Jun He,Jian Ping Wang. Wind Speed Forecast for Wind Farms Based on Phase Space Reconstruction of Wavelet Neural Network［J］. Advanced Materials Research,2012,1566(433).

［90］Huanping Wu,Wei Tang,Bing Luo,et al. Weather services products generation system based on GIS geoprocessing［J］. Computers & Geosciences,2013,51:16-21.

［91］Robvan Haaren,Vasilis Fthenakis. GIS-based wind farm site selection using spatial multi-criteria analysis (SMCA):Evaluating the case for New York State［J］. Renewable and Sustainable Energy Reviews,2011, 15:3332-3340.